U0166393

新时期地理信息基础与应用研究

徐兰声　高佳俊　程　燕◎著

中国出版集团　现代出版社

图书在版编目（CIP）数据

新时期地理信息基础与应用研究 / 徐兰声，高佳俊，
程燕著. -- 北京 ：现代出版社，2023.8
ISBN 978-7-5231-0433-0

Ⅰ．①新… Ⅱ．①徐… ②高… ③程… Ⅲ．①地理信
息系统－研究 Ⅳ．①P208

中国国家版本馆CIP数据核字(2023)第135776号

新时期地理信息基础与应用研究

作　　者	徐兰声　高佳俊　程　燕
责任编辑	吴永静
出版发行	现代出版社
地　　址	北京市朝阳区安外安华里504号
邮　　编	100011
电　　话	010-64267325　64245264(传真)
网　　址	www.1980xd.com
电子邮箱	xiandai@cnpitc.com.cn
印　　刷	北京四海锦诚印刷技术有限公司
版　　次	2023年8月第1版 2023年8月第1次印刷
开　　本	185 mm×260 mm　1/16
印　　张	10.25
字　　数	238千字
书　　号	ISBN 978-7-5231-0433-0
定　　价	58.00元

前　言

随着当下电子信息化技术及计算机不断普及，形成了地理信息系统（GIS）新型技术，可精准地对空间数据做收集、存储、分析及管理等工作，给相关的研究提供可靠的数据参考，吻合其多功能、智能化发展的主要趋势。

在 20 世纪 90 年代，由于计算机技术、网络技术和空间技术的进步，地理信息系统的应用范围迅速扩大。GIS 技术的成功应用使人们对地理信息的认识更加深入，也促使了相关技术的进一步发展和完善。全球定位系统、数字地球和传感器网的发展与成熟，为地理的进一步发展提供了良好的条件。目前已经形成了多种类型的基于互联网或专用网的地理信息服务系统。在农业、林业、水利和气象等传统领域得到广泛应用的同时，随着互联网的普及和发展，地理信息技术在交通、旅游等领域的应用也日益广泛。此外，基于地理信息平台的智慧城市解决方案也是当前热门的研究方向之一。

基于此，本书以"新时期地理信息基础与应用研究"为题进行论述。首先，围绕地理信息系统及其架构展开讨论；其次，探讨了地理信息系统空间数据的获取、处理、管理与分析；再次，讨论了地理信息可视化与数据输出；最后，针对地理信息系统技术的创新应用展开讨论。

笔者在撰写本书的过程中，得到了许多专家学者的帮助和指导，在此表示诚挚的谢意。由于笔者水平有限，加之时间仓促，书中所涉及的内容难免有疏漏之处，希望各位读者多提宝贵意见，以便笔者进一步修改，使之更加完善。

目　录

第一章
地理信息可视化与数据输出

第一节　地图制图与地理信息的可视化

一、地图制图

现代地图是按照严格的数学法则，利用特定的符号系统，将地球或其他星球的空间对象，以二维或多维、静态或动态可视化形式，利用综合概括、模型模拟等手段缩小表示在一定载体上，科学地分析认知与交流传输对象的时空分布、质量特征及相互关系等多方面信息的一种图形与图像。地图的基本特征包括可量测性、直观性和易览性等。地图的本质是空间信息的符号化表示，但是这种符号化需严格遵守空间参考等数学法则。地图可视化主要包括地图符号、地图色彩、地图注记、数学要素、地理要素等因素。

根据地图的内容，地图分为普通地图和专题地图。普通地图是反映地表基本要素的一般特征的地图，需要以相对均衡的详细程度表示制图区域各种自然地理要素和社会经济要素的基本特征、分布规律及其联系。专题地图是根据实际任务需要，着重反映自然或社会现象中的某一种或几种专业要素的地图，重点表现某种主题内容。两者的区别在于：普通地图全面反映水系、地貌、土质、植被、居民地、交通线等基本地理要素，没有突出某类要素；专题地图则是重点突出某类要素。

普通地图和专题地图制作的关键技术都是根据空间数据和非空间数据进行符号化的过程。通常空间数据提供符号化的位置，而非空间数据关系到符号的形状、大小和颜色。非空间数据有两种：一种是地物类型，另一种是空间对象的具体属性值。普通地图一般仅涉及地物的类型属性，而不涉及具体的属性值。专题地图则通常根据属性值或类型设计符号，制作专题图。

计算机中的空间数据的可视化涉及计算机图形窗口的管理、图形窗口的空间坐标变换、色彩管理、符号库管理、窗口句柄、窗口的放大缩小、漫游操作以及绘图设备的连接等。窗口管理、窗口句柄以及窗口的放大缩小、漫游等属于计算机方面的技术，不同的软件实现机制不完全相同。

（一）地图的组成

在创建一幅地图前，首先要了解地图的基本组成要素及布局规则。一张地图通常包括的要素有：①标题；②专题内容（地理要素）；③符号；④地图注记（字体、字号、字色等）；⑤坐标网（经纬网、方里网等）；⑥控制点；⑦比例尺；⑧定向；⑨地图颜色；⑩图例；⑪地图参考资料等。实际的一幅地图一般只包括以上部分要素。

地图的标题是表明地图专题内容的概括。标题内容应短而内涵丰富，能精确、充分说明地图所包含的内容。如"2022年北京市人口分布图"，既要说明地图的专题内容（人口分布），又要说明所涉及的区域（北京市），还要有精确的时间约束（2022年）。标题文本的排序方法有很多种，必要的时候可以使用子标题做进一步的说明。标题字体选择应遵循简单易读的原则，通常地图上标题的字号是最大的。为了让用户快速地了解地图的目的，标题应是用户首先看到的内容。标题尽量避免使用生僻字，且尽量不使用斜体，标题的位置应选择放在显眼的位置。

地图的专题内容选择和地图的种类有关，对普通地图而言，地图的专题内容是主题要素；对专题地图而言，是专题地图的专题要素。

地图符号是地理要素特征的抽象，是地图语言的主体内容。地图符号包括点状符号、线状符号和面状符号等。

地图注记通常分为名称注记、说明注记、数字注记和图外整饰注记等。注记要素主要包括字体、字号、字色、字间距、字位、字向和字形等。制图专题较为严肃的时候，应选择庄重的字体；反之，则可以使用流行字体。通常情况，基本地形图属于严肃的领域，一般都采用庄重的字体。字号应与所描述专题信息的重要性及逻辑相关性匹配，常用的地图文字字号包括8、10、12、14、16、20、24、30等。通常情况下，利用标准字体表示地名要素，斜体表示地形要素。字色通常选择典型颜色来表示地理要素，避免使用过于花哨或明亮的颜色，导致用户误解地图中重要的专题信息。

坐标网、控制点、比例尺、定向等是地图的属性要素，也是地图制图的重要数学基础。坐标网包括经纬线网和方里网。控制点指平面控制点、高程控制点等。比例尺指地图的缩小程度，是地图上某一线段长度与实地距离的比值。地图定向指地图的三北方向，一般通过坐标网的方向来体现。三北方向包括真北方向、坐标北方向和磁北方向。过地面上任意一点，指向北极的方向为真北方向。通常，把图幅的中央经线的北方向作为真北方向。坐标北方向为纵坐标递增的方向，有时地图上的坐标北方向与真北方向不完全一致。磁北方向指磁北针所指的方向，与真北方向并不一致。一般地图都采用真北方向定向，然而，在特殊的制图区域，可能用真北方向不利于利用纸张，可以采用斜方位定向，这时需要加注"指北方向"标志。

地图颜色主要是应用色相、亮度和饱和度的不同变化和组合，结合人们对色彩感受的心理特征，建立起色彩与制图对象之间的联系。一般来说，色相主要表示事物的质量特征，如用蓝色表示淡水，紫色表示咸水；亮度和饱和度表示事物的数量特征和重要程度。例如，用较浓和艳的颜色表示重要地物，用浅、淡颜色表示次要地物。

图例和地图元数据属于地图的辅助要素。图例用来说明专题信息在地图中的组织方式和符号表现形式，通常放在地图边缘附近，同时放置位置要考虑地图的平衡。地图元数据是对地图数据自身的说明信息，主要包括编图出版单位、成图时间、地图投影、坐标系、高程系、编图资料等。根据国家相关规范来完善地图元数据是进行地图信息共享的重要工作。

（二）地图的符号

1. 地图符号类型

地图符号是地图的语言，是用来表示自然或人文现象的各种图形，是表达地理现象与发展的基本手段。地图符号包括形状、尺寸、色彩、方向、亮度和密度6个基本变量。其中符号的形状、尺寸和色彩主要用来反映事物的数量和质量，此外，地图符号的尺寸还与地图用途、地图比例尺、读图条件相关。

现实世界尽管形态各异、千变万化，包含了河流、建筑物、道路、植被等诸多要素，但是从几何角度来看，可以分为点状地物、线状地物和面状地物。因此，表达地物的符号也可以相应地划分为点状符号、线状符号、面状符号。

（1）点状符号。点状符号是不依比例尺表示的小面积地物或点状地物符号，如油库、水塔、测量控制点等。点状符号的特征包括：①点状符号的图形固定，不随它在图幅中的位置的变化而变化；②点状符号都有确定的定位点和方向性；③点状符号图形大都比较规则，由几何图形构成，简单、美观、形象，易用数学公式表示。

（2）线状符号。线状符号是长度在图上依比例尺表示而宽度不依比例尺表示的符号。它用来表示地图上呈线状延伸分布的物体或制图现象的符号，如公路、小路、境界线、铁路等。线状符号的特点包括：①线状符号都有一条有形或无形的定位线；②线状符号可以进一步划分为曲线、直线、虚线、平行线、沿定位线连续配置点状符号等；③线状符号可以进一步分解成具有单一特征的线状符号，即一线状符号可以由若干条具有单一特征的线状符号组成。

（3）面状符号。面状符号指在二维图上各方向都能依比例尺表示的符号。它是地图上用来表示面状分布的物体或地理现象的符号，通常用来表示诸如植被、土壤、池塘等呈面状分布的地物。面状符号的特点包括：①有一条有形或无形的封闭的轮廓线；②多数面状符号是在轮廓线范围内配置不同的点状符号、绘阴影线或者染颜色。

点、线、面符号不是孤立的，它们之间存在一定的联系。首先，地图比例尺的变化会导致符号类型的变化。用点状符号表示的地物，在足够大的比例尺地图中，若要考虑该地物的边界和大小，则可以用面状符号表示。同理，线状符号表示的目标在足够大的比例尺地图中，也可以用面状符号表示。例如，在小比例尺中的线状符号表示的河流或道路，在大比例尺中可能用面状符号来表示。此外，线状符号中往往包含点状符号，面状符号中包含线状符号。例如，行树、狭长竹林等为线状符号，但它们由一系列的点状符号组合而成；具有明显边界线的植被，可用面状符号来表示，在该符号中边界线为线状符号，内部则为点状符号的规则填充组合。

2. 地图符号图元

为了了解地图符号的计算机绘制过程，下面介绍地图符号图元的绘制。点、线、面状符号各有特点，又具有共性。它们的差异是构成各自的基本图素不同，而相同之处是其绘制参数（符号代码、绘图句柄、笔的颜色、刷子的颜色等）、操作方法（绘制、删除等）基本一致。为讨论方便，引入面向对象的方法。为使各种符号具有相对的独立性，可以将点状符号、线状符号、面状符号定义成三种符号对象类，并将各类符号的数据成员（属性数据）及其函数成员（操作方法）封装在各自的对象类中。为减少数据及程序代码的冗余，可在这三个对象类的基础上概括出更高层次的类，即符号类。

（1）点状符号图元。以地形图图式为例，组成点状符号图元可以进一步细分为点、线段、折线、样条曲线、圆弧、圆、三角形、矩形、多边形、子图、位图 11 种图元。不同的图素可以看成不同的对象类，即可以将组成点状符号的图元分成点类、线段类、折线类、样条曲线类、圆弧类、圆类、三角形类、矩形类、多边形类、子图类、位图类。一个符号是不同类实例对象聚集而成的复杂对象。各类图元根据其属性值的不同可产生不同的图元，如包括空心多边形、实心多边形，空心多边形又有压盖和不压盖之分，实心的又分为实心填充和位图填充。

上述各类对象中有一些对象具有相同的数据成员和一致的操作方法，因此，可以抽象出更高层次的类。如矩形和圆在设计时具有相同的定位过程和操作方法，定位的数据成员一致，因此可以抽象出一个 CBox 类；折线、多边形和样条曲线也是如此，可以抽象出一个 CCPLine 类；此外，可以将各类图素对象中相同的数据成员和操作方法抽象到更高层的图元超类中。

（2）线状符号图元。线状符号的绘制方法有两种：一是重复配置点状符号图元法，即将线状符号分解成基本点状符号图元，然后沿线状符号定位线连续配置点状符号，这种方法的特点是每配置一个符号就要进行一次符号变换，变换速度随定位线的弯曲和符号的复杂程度而异，因而绘制速度较慢，且变换模板较难设计；二是组合绘制方法，它认为任何线状符号可以由具有单一特征的线状符号组合而成，这种方法的特点是绘制速度快、算法相对简单，但要针对不同的线状符号设计好各种单一线型。

线状符号绘制采用组合绘制方法。在分析地形图图式线状符号特点的基础上，通常可以设计组成线状符号的 13 种基本线型：实线、虚线、点虚线、双虚线（对称中心线）、双实线（对称中心线）、连续点符号（即沿定位线按一定的间距配置点状符号）、定位点符号（即沿中心线的转折点配置某点状符号，如通信线的电杆等）、导线连线（即依次在定位点之间画线）、导线点符号（即在线的定位点上沿与相邻点连线的方向绘制点状符号，如电力线的箭头符号）、齿线符号（即按一定的间隔绘制连续的横向支线）、渐变宽实线、渐变宽虚线、带状晕线。可以将上述基本线型看成组成线状符号的 13 种图元，并建立相应的图元对象类。一个线状符号则是不同线图元对象类实例对象聚集而成的复杂对象，例如，栅栏符号由虚线、连续点符号、齿线符号 3 种对象聚集而成。

因为不同图素对象各有特点，描述它们的数据成员也不相同，所以可以为不同的图元对象设计数据成员，例如，①实线：偏移量、线宽；②双虚线（对称中心线）：两虚线之间的间隔、起始位置、线宽、实部长、虚部长；③定位点符号：点状符号、缩放系数、绘端点（即起讫点是否绘符号）、指正北（即符号始终朝北还是指向转折点角平分线方向）。

（3）面状符号图元。分析面状符号特征不难发现，绘制面状符号有三种情况：一是在绘图区域内以不同的倾角，不同的间距，不同的实、虚部长度的平行线族来构成不同的图案，即阴影线填充图案；二是在绘图区域内以不同的间距、不同的布点形式（井字形、品字形）、不同的旋转角绘制点状符号以构成图案，即点状符号填充图案；三是位图填充图案。因此对面状符号而言可设计三种图素对象类：阴影线填充、点状符号填充、位图填充。它们的数据成员如下。

第一，阴影线填充图案：倾角、线宽、起始位置、偏移量、实部长、虚部长、（线）色。其中，起始位置是坐标系中的坐标值，偏移量是下一条阴影线起点相对前一条阴影线起点的坐标增量值。

第二，点状符号填充图案：行偏移、列偏移、行间距、列间距、缩放系数、旋转角、点状符号、旋转角形式（固定、随机）、点的分布形式（品字形、井字形）。

第三，位图填充图案：位图长度、位图宽度、行间距、列间距、缩放系数、旋转角、填充形式（品字形、井字形）、位图。

3. 地图符号绘制

地图符号绘制的实质是将符号坐标系中图形元素特征点的坐标 (x, y) 变换到地图坐标系中的坐标 (X, Y)，并按给定的顺序连接的过程。目前，计算机制图中符号绘制（符号化）方法有编程法、信息块法和间接信息法。

（1）编程法。编程法是由绘图子程序按符号图形参数计算绘图矢量并操作绘图仪绘制地图符号。这种方法中每一个地图符号或同一类的一组地图符号可以编制一个绘图子程序，这些子程序组成一个程序库。在绘图时绘图软件按符号的编码调用相应的绘图子程序，并输入适当的参数，该程序便根据已知数据和参数计算绘图向量并产生绘图指令，从而完成地图符号的绘制。这种方法适合那些能用数学表达式描述的地图符号，其特点是增加符号不方便，即使增加一个符号也要对程序库进行重编译，用户的自主权不大，因而很难作为商业软件普遍应用。目前这种方法的应用越来越少。

（2）信息块法。信息块法也称符号库方法，绘图时只要通过程序处理已存在符号库中的信息块，即可完成符号的绘制。信息块即为描述符号的参数集。随着符号在地图上的表现形式不同，信息块的存放格式也不同。通常符号信息块的构成有两种：直接信息法和间接信息法。直接信息法是存储符号图形特征点的坐标（矢量形式）或具有足够分辨率的点阵（栅格数据），直接表示图形的每个细部点。这种方法获得符号信息较为困难，占用存储空间大，当符号精度要求较高时尤为突出，对符号进行放大时符号容易变形。但这种方法有可能使绘图程序算法统一，因为它面向图形特征点而与符号图形无关。

（3）间接信息法。间接信息法存放的是图形的几何参数，如图形的长、宽、间隔、半径、方向角、夹角等，其余数据都由绘图程序在绘制符号时按相应的算法计算出来。这种方法占用存储空间小，能表达较复杂的图形，且绘图精度高，可以对符号进行无级放大也不变形，符号的图形参数可方便地利用交互式符号设计系统获得。但该方法的程序量相对大些，编程工作也较复杂。绘图时，绘图程序必须先将符号图形的几何参数转换为符号坐标系中的坐标值，再转换为地图坐标系中的矢量数据（图形特征点坐标）或栅格数据，然后有序连接各特征点或输出点阵，绘成地图符号。目前，绝大多数 GIS 软件都采用间接信息块的方法来绘制符号，并提供相应的符号设计模块。其中，矢量符号绘制方法包括以下三个方面。

第一，点状符号绘制。绘制一个点状符号所需参数为：定位点 (x_0, y_0)、缩放系数 scale、旋转角 α。符号库中保持的符号描述信息都是基于符号坐标系的，因此，如图 1-1 所示①，绘制点状符号时应进行一系列变换，即缩放、旋转、平移。

---

①本节图片引自龚健雅，秦昆，唐雪华，等. 地理信息系统基础 [M]. 2 版. 北京：科学出版社，2019：281-282.

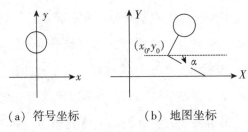

（a）符号坐标　　　　　（b）地图坐标

图 1-1　点状符号坐标变换

第二，线状符号绘制。对重复配置点状符号图元的线状符号绘制方法而言，绘制算法比较复杂，点状符号图元要在线状符号定位线上分段串接并在拐弯处作变形处理。取点状符号作为线状符号的基本最小循环单元，求出点状符号的外接矩形（模板）作为符号拼接或变形时参与运算的符号的有效范围。按符号长度在定位线上分段截取，若模板的长度超出拐点则截去超出部分，截去部分转到下一折线段内处理。如图 1-2 所示，线状符号绘制过程为：线状符号定位线为 i-j-k-l，地图坐标系为 XOY，符号（模板）所在的局部坐标系为 xoy，模板的外接矩形为 $abcd$，结点 j 和 k 处的角平分线分别为 gg' 和 hh'，模板在 k 处分割为 $abef$ 和 $fecd$，则：

在局部坐标系 xoy 中，若模板中的点 p（x_p，y_p）满足 $0 < x_p < y_p$，且点 p 在两角平分线之间，则该点不做变形处理，只按一般方法从局部坐标系变换至地图坐标系。

在局部坐标系 xoy 中，若模板中的点 p（x_p，y_p）满足 $x_p = 0$ 或 $x_p = y_k$ 或 $0 < x_p < y_k$，且点 p 在两角平分线之间，则该点在沿 x 轴正向或负向平移至附近的角平分线上，然后变换至地图坐标系。

点超出结点 k 的部分，即四边形 $fecd$ 内的点 p（x_p，y_p），在局部坐标中满足 $x_p \geqslant y_k$ 条件，则将这些点转入下一节 k-l 中处理，重复上述过程，直到线状符号全部完成。

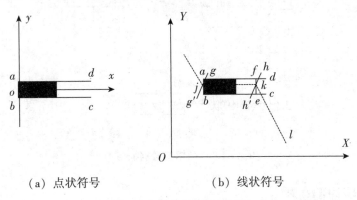

（a）点状符号　　　　　（b）线状符号

图 1-2　线状符号绘制过程

对基于组合式绘制方法来讲，可归结为平行线、虚线、点虚线等各种基本线型的绘制和点状符号的绘制，算法较为简单。

第三，面状符号绘制。面状符号绘制的关键是在面域内求晕影线族，然后在晕线上绘虚线、线状符号，或按一定的距离绘制点状符号。为求解方便，对倾斜晕线可以先对多边形进行旋转，使旋转后的 x 坐标轴与晕线平行，求解水平晕线后，再对晕线进行反旋转，即可得到倾斜晕线，如图 1-3 所示。水平晕线求解的方法有两种：一是基于晕线的算法。它以晕线 y 值从小到大的顺序，逐条晕线求出它与多边形的所有交点，然后对交点系列按它们的 x 值从小到大排序，最后按"12，34，…"方式输出，即可得到多边形内的晕线。假设多边形有 n 条边、m 条晕线与多边形相交，这种算法的循环次数为 $m \times n$，因而计算速度慢，但该算法占用内存少。二是基于多边形边的算法，如图 1-4 所示，算法以多边形边的顺序，逐条边求出它与所有晕线的交点，并按交点的 y 值依次将交点放在一交点数据桶中的不同层，并记录不同 y 值层的交点个数，之后对交点数据桶中不同层交点按 x 值从小到大排序，并隔段输出即可得到晕线。假设多边形有 n 条边、m 条晕线与多边形相交，这种算法的循环次数为 n，计算速度快，但该算法要占用一定内存。

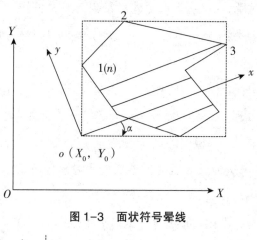

图 1-3　面状符号晕线

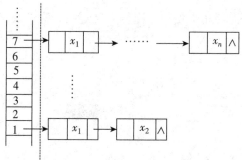

图 1-4　晕线求交数据桶结构

二、地理信息的可视化

可视化是将科学计算中产生的大量非直观的、抽象的或者不可见的数据，借助计算机图形学和图像处理等技术，以图形图像信息的形式，直观、形象地表达出来，并进行交互处理。地图是空间信息可视化的最主要和最常用的形式。在 GIS 中，可视化则以地理信息科学、计算机科学、地图学、认知科学、信息传输学与地理信息系统为基础，通过计算机技术、数字技术、多媒体技术，动态、直观、形象地表现、解释、传输地理空间信息并揭示其规律。

（一）等值线显示

等值线又称等量线，表示在相当范围内连续分布并且数量逐渐变化的现象的数量特征。用连接各等值点的平滑曲线来表示制图对象的数量差异，如等高线、等深线、等温线、等磁线等。

等高线是表示地面起伏形态的一种等值线。它是把地面上高程相等的各相邻点所连成的闭合曲线，垂直投影在平面上的图形。一组等高线可以显示地面的高低起伏形态和实际高度，根据等高线的疏密和图形，可以判断地形特征和斜坡坡度。

用等高线法表示地形，总体来说立体感还是较差的。因此对等高线图形的立体显示方法研究一直在进行，明暗等高线法是其中的一种。明暗等高线法是使每一条等高线因受光位置不同而绘以黑色或白色，以加强其立体感。还有粗细等高线法，它是将背光面的等高线加粗，向光面绘成细线，以增强立体效果。

等值线的应用相当广泛，除常见的等高线、等温线以外，还可表示制图现象在一定时间内数值变化的等值线变化线（如年磁偏角变化线、地下位变化线）、等速度变化线、表示现象位置移动的等位移线（如气团位移、海底抬升或下降）、表示现象起止时间的等时间线（如霜期、植物的开花期）等。

（二）分层设色显示

分层设色是在等高线的基础上根据地图的用途、比例尺和区域特征，将等高线划分一些层级，并在每一层的面积内绘上不同的颜色，以色相、色调的差异表示地势高低。这种方法加强了高程分布的直观印象，更容易判读地势状况，特别是有了色彩的正确配合，使地图具有一定的立体感。

设色有单色和多色两种。单色是利用色调变化表示地形的高低，现在已经很少采用。多色是利用不同色相和色调深浅表示地形的高低。设色时要考虑地形表示的直观性、连续性以及自然感等原则。要求每一色准确地代表一个高程带，各色层之间要有差别，但变化不能过于突然和跳跃，以便反映地表形态的整体感和连续感。选色尽量和地面自然色彩相接近，各色层的颜色组合会产生一定程度的立体感。色相变化视觉效果显著，用以表示不同的地形类别，每类地形中再以色调的变化来显示内部差异。如平原用绿色，丘陵用黄色，山地用褐色；在平原中又以深绿、绿、浅绿等三种浓淡不同的绿色调显示平原上的高度变化。色相变化也采用相邻色，以避免造成高度突然变化的感觉。

目前普遍采用的色层是绿褐色。陆地部分由平原到山地为：深绿—绿—浅绿—浅黄—黄—深黄—浅褐—褐—深褐；高山（500m以上）为白色或紫色；海洋部分采用浅蓝到深蓝，海水越深，色调越浓。这种设色使色相、色调相结合，层次丰富，具有一定象征性意义和符合自然的色彩，效果较好。

（三）地形晕渲显示

晕渲法也叫阴影法，是用深浅不同的色调表示地形的起伏形态。按光源的位置分直照晕渲、斜照晕渲和综合光照晕渲；按色调分墨渲和彩色晕渲。

晕渲法的基本思想是：一切物体只有在光的作用下才产生阴影，才显示更清楚，才有立体感。由于光源位置不同，照射到物体上所产生的阴影也不同，其立体效果也就不同。晕渲法通常假定把光源固定在两个方向上：一为西北方向俯角45°；二为正上方与地面垂直。前者称为斜照晕渲，后者称为直照晕渲。当山脉走向恰与光源照射方向一致时，或因其他原因不利于显示山形立体效果时，则适当调整光源位置，这种称为综合晕渲。

斜照晕渲的立体感很强，明暗对比明显，与日常生活中自然光和灯光照射到物体上所形成的阴影相似。光的斜照使地形各部位分为迎光面、背光面和地平面三部分。

斜照光下，每一地点的明暗又因其坡度与坡向而有所不同，且立体的阴影又互相影响，改变其原有的明暗程度，使阴影有浓、淡、强、弱之分。斜照晕渲的光影变化十分复杂，但也有一定的规律，即：迎光面越陡越明，背光面愈陡愈暗，明暗随坡向而改变，平地也有淡影三分。斜照光下，物体的阴影随其主体与细部不同而不同。主体阴影十分重要，它可以突出山体总的形态和基本走向，使之脉络分明，有利于增强立体效果。

斜照晕渲立体感强，山形结构明显，所以多为各种地图采用。其缺点是无法对比坡度，背光面阴影较重，影响图上其他要素的表示。

直照晕渲又称坡度晕渲。光线垂直照射地面后，地表的明暗随坡度的不同而改变。平地受光量最大，因而最明亮。直照晕渲能明显地反映地面坡度的变化。其缺点是立体感较差，只适合表示起伏不大的丘陵地区。

综合光照晕渲是斜照与直照晕渲的综合运用。或以斜照晕渲为主，或以直照晕渲为主，另一种来补充。它具备了两种晕渲的优点，弥补了两者的不足。

墨渲是用黑墨色的浓淡变化来反映光影的明暗。由于墨色层次丰富，复制效果好，应用广泛。印刷时用单一的黑色作晕渲色的很少，印成青灰、棕灰、绿灰者的居多。

彩色晕渲又分为双色晕渲、自然色晕渲等。双色晕渲，常见的有阳坡面用明色或暖色系，阴坡面用暗色或寒色系，高地用暖色，低地用寒色，或制图主区用近感色，邻区用远感色等。主要是利用冷暖色对比加强立体感或突出主题。这种方法效果好，常被用于一些精致的地图上。自然色晕渲是模仿大自然表面的色调变化，结合阴影的明暗绘成晕渲图。这种剖面是指地面沿某一方向的垂直截面（或断面），它包含地形剖面图和地质剖面图等。

地形剖面图是为了直观地表示地面沿某一方向地势的起伏和坡度的陡缓，以等高线地形图为基础绘成的。它沿等高线地形图某条边下切而显露出来的地形垂直剖面，从地形剖面图上可以直观地看出地面高低起伏状况。

（四）专题地图显示

专题地图，是在地理底图上，按照地图主题的要求，突出而完善地表示与主题相关的一种或几种要素，使地图内容专题化、形式各异、用途专门化的地图。

1. 专题地图的特征

（1）专题地图只将一种或几种与专题相关联的要素特别完备而详细地显示，而其他要素的显示则较为概略，甚至不予显示。

（2）专题地图的内容广泛，主题多样。在自然界与人类社会中，除了那些在地表上能见到的和能进行测量的自然现象、人文现象外，还有那些往往不能见到的或不能直接测量的自然现象或人文现象均可以作为专题地图的内容。

（3）专题地图不仅可以表示现象的现状及其分布，而且能显示现象的动态变化和发展规律。

2. 专题地图的类别

（1）专题地图按照表现方法来分主要有以下五个类别。

第一，点位符号法，用点状符号反映点状分布要素的位置、类别、数量或等级。

第二，定位图表法，在要素分布的点位上绘制成统计图表，表示其数量特征及结构。常见的图表有两种：一种是方向数量图表；另一种是时间数量图表。

第三，线状符号法，用线状符号表示呈线状、带状分布要素的位置、类别或等级，如河流、海岸线、交通线、地质构造线及山脊线等。

第四，动态符号法，在线状符号上加绘箭头，表示运动方向，还可以用线条的宽窄表示数量的差异，也可以用连续的动线符号表示面状分布现象的动态。

第五，面状分布要素表示法，面状符号表示成片分布的地理事物。

此外，在专题地图上还使用柱状图图表、剖面图表、塔形图表、三角形图表等多种统计图表，作为地图的补充。上述各种方法经常是配合应用的。

（2）专题地图按照其内容要素的不同性质，可以划分为以下三个基本类型：

第一，自然地图，包括地质图、地球地理图、地震图、地势图、地貌图、气候气象图、水文图、海洋图、环境图、植被图、土壤图和综合自然地理图等。

第二，社会政治经济地图，包括政治行政区划图、交通图、人口图、经济地图、文化建设图、历史地图、旅游地图等。

第三，其他专题地图，主要在行业性较强的领域使用，如物种分布图、疫情扩散趋势图等。

（五）立体透视显示

GIS 的立体透视显示可以实现多种地形的三维表达，常用的包括立体等高线图、线框透视图、立体透视图以及各种地形模型与图像数据叠加而形成的地形景观等。

1. 立体等高线模型

平面等高线图在二维平面实现了三维地形的表达，但地形起伏需要进行判读，虽具有量测性但不直观。借助于计算机技术，可以实现平面等高线构成的空间图形在平面上的立体体现，即将等高线作为空间直角坐标系函数的空间图形，投影到平面上所获得的立体效果图。

2. 三维线框透视模型

线框透视图或线框模型是计算机图形学和 CAD/CAM 领域中较早用来表示三维对象的模型，至今仍广为运用，流行的 CAD 软件、GIS 软件等都支持三维对象的线框透视图建立。线框模型是三维对象的轮廓描述，用顶点和邻边来表示三维对象，其优点是结构简单、易于理解、数据量小、建模速度快。而缺点是：①线框模型没有面和体的特征；②表面轮廓线将随着视线方向的变化而变化；③由于不是连续的几何信息因而不能明确地定义给定点与对象之间的关系（如点在形体内、外等）。

3. 地形三维表面模型

三维线框透视图是通过点和线来建立三维对象的立体模型，仅提供可视化效果而无法进行有关的分析。地形三维表面模型在三维线框模型的基础上，通过增加有关的面、表面特征、边的连接方向等信息，实现对三维表面的以面为基础的定义和描述，从而可满足面面求交、线面消除、明暗色彩图等应用的需求。简言之，三维表面模型是用有向边所围成的面域来定义形体表面，由面的集合来定义形体。

（六）三维动态漫游

三维景观的显示属于静态可视化范畴，在实际工作中，对于一个较大的区域或者一条较长的路线，有时既需要把握局部地形的详细特征，又需要观察较大的范围，以获取地形的全貌。一个较好的解决方案就是使用计算机动画技术，使观察者能畅游于地形环境中，从而从整体和局部两个方面了解地形环境。

为了形成动画，就要事先生成一组连续的图形序列，并将图像存储于计算机中。将事先生成的一系列图像存储在一个隔离缓冲区，通过翻页建立动画；图形阵列动画即位组块传送，每幅画面只是全屏幕图像的一个矩形块，显示每幅画面只操作一小部分屏幕，较节省内存，可获得较快的运行时间性能。

对地形场景而言，不但有数字高程模型（DEM）数据，还有纹理数据，以及各种地物模型数据，数据量都比较庞大。而目前计算机的存储内容有限，因此为了获得理想的视觉效果和计算机处理速度，使用一定的技术对地形场景的各种模型进行管理和调度就显得非常重要，这类技术主要有单元分割法、细节层次法。

第二节　地理信息系统产品检查与质量评定

对 GIS 来说，空间数据是基础，非空间数据是内涵，数据质量的优劣将直接影响 GIS 应用分析结果的可靠程度和应用目标的实现。GIS 产品的质量是伴随着数据采集、处理和应用的过程而产生并表现出来的，对其产品质量进行科学的检验和评价是确保数字产品符合 GIS 应用的质量标准。

一、空间数据质量的相关概念

第一，误差。简而言之，误差表示数据与其真值之间的差异。误差的概念是完全基于数据而言的，没有包含统计模型在内，从某种程度上讲，它只取决于量测值，因为真值是确定的。如测量地面某点高程为 1002.4m，而其真值为 1001.3m，则该数据误差为 0.9m。误差与不确定性有着不同的含义。在上例中，认为量测值（1002.4m）与误差（0.9m）都是确定的。也就是说，存在误差，但不存在不确定性。不确定性指的是"未知或未完全知"，因此，不确定性是基于统计的推理、预测。这样的预测既针对未知的真值，也针对未知的误差。

第二，准确度。准确度是测量值与真值之间的接近程度。它可以用误差来衡量。仍以前面所述某点高程值为例，如果以更先进的测量方式测得其值为 1002.1m，则此量测方式比前一种方式更为准确，亦即其准确度更高。

第三，偏差。与误差不同，偏差基于一个面向全体量测值的统计模型，通常以平均误差来描述。

第四，精密度。精密度指在对某个量的多次测量中，各量测值之间的离散程度。可以看出，精密度的实质在于它对数据准确度的影响，同时在很多情况下，它可以通过准确度而得到体现，故常把二者结合在一起称为精确度，简称精度。精度通常表示成一个统计值，它基于一组重复的监测值，如样本平均值的标准差。

第五，不确定性。不确定性是指对真值的认知或肯定的程度，是更广泛意义上的误差，包含系统误差、偶然误差、粗差、可度量和不可度量误差、数据的不完整性、概念的模糊性等。在 GIS 中，用于进行空间分析的空间数据，其真值一般无从量测，空间分析模型往往是在对自然现象认识的基础上建立的，因而空间数据和空间分析中倾向于采用不确定性来描述数据和分析结果的质量。

此外，GIS 数据的规范化和标准化直接影响地理信息的共享，而地理信息共享又直接影响 GIS 的经济效益和社会效益。为了尽量利用已有数据资源，并为今后数据共享创造条件，各国都在努力开展标准化研究工作。国家制定的规范和标准是信息资源共享的基础，不但有利于国内信息交流，也有利于国际信息交流。但是目前空间数据的标准化仍然存在不少问题，还缺乏统一的标准和规范，各部门之间也缺乏必要的联系和协调，对空间数据科学的分类和统计缺乏严格的定义，直接导致建立的各类信息系统之间数据杂乱，难以相互利用，信息得不到有效交流和共享。为使数据库和信息系统能向各级政府和部门提供更好的信息服务，实现数据共享，数据的规范化和标准化刻不容缓。

二、空间数据质量评价

(一) 空间数据质量评价的指标

数据质量是数据整体性能的综合体现，而空间数据质量标准是生产、应用和评价空间数据的依据。为了描述空间数据质量，许多国际组织和国家都制定了相应的空间数据质量标准和指标。空间数据质量指标的建立必须考虑空间过程和现象的认知、表达、处理、再现等全过程。

从实用的角度来讨论空间数据质量，空间数据质量指标应包括以下五个方面。

第一，完备性。完备性指要素、要素属性和要素关系的存在和缺失。完备性包括两个方面的具体指标：多余，数据集中多余的数据；遗漏，数据集中缺少的数据。

第二，逻辑一致性。逻辑一致性指对数据结构、属性及关系的逻辑规则的依附度（数据结果可以是概念上的、逻辑上的或物理上的）。包括四个具体指标：①概念一致性——对概念模式规则的符合情况；②值域一致性——值对值域的符合情况；③格式一致性——

数据存储同数据集的物理结构匹配程度；④拓扑一致性——数据集拓扑特征编码的准确度。

第三，位置准确度。位置准确度指要素位置的准确度。包括三个具体指标：①绝对或客观精度：坐标值与可以接受或真实值的接近程度；②相对或内在精度：数据集中要素的相对位置和其可以接受或真实的相对位置的接近程度；③网格数据位置精度：格网数据位置同可以接受或真实值的接近程度。

第四，时间准确度。时间准确度指要素时间属性和时间关系的准确度。包括三个具体指标：①时间量测准确度——时间参照的正确性（时间量测误差报告）；②时间一致性——事件时间排序或时间次序的正确性；③时间有效性——时间上数据的有效性。

第五，专题准确度。专题准确度指定量属性的准确度，定性属性的正确性，要素的分类分级以及其他关系。包括四个具体指标：①分类分级正确性——要素被划分的类别或等级，或者它们的属性与论域（例如，地表真值或参考数据集）的比较；②非定量属性准确度——非定量属性的正确性；③定量属性准确度——定量属性的正确性；④对任意数据质量指标可以根据需要建立其他的具体指标。

当然，还可以根据实际需要建立其他指标来描述数据质量的某一方面。

（二）空间数据质量评价的方法

空间数据质量评价方法分直接评价和间接评价两种。直接评价方法是对数据集通过全面检测或抽样检测方式进行评价的方法，又称验收度量。间接评价方法是对数据的来源和质量、生产方法等间接信息进行数据质量评价的方法，又称预估度量。这两种方法的本质区别是面向的对象不同，直接评价方法面对的是生产出的数据集，而间接评价方法则面对的是一些间接信息，只能通过误差传播的原理，根据间接信息估算出最终成品数据集的质量。

直接评价法又分为内部和外部两种。内部直接评价法要求对所有数据仅在其内部对数据集进行评价。例如在属于拓扑结构的数据集中，为边界闭合的拓扑一致性做的逻辑一致性测试所需要的所有信息。外部直接评价法要求参考外部数据对数据集测试。例如对数据集中道路名称做完整性测试需要另外的道路名称及原始性资料。

间接评价法是一种基于外部知识的数据集质量评价方法。本方法只是推荐性的，仅在直接评价方法不能使用时使用。在这几种情况下，间接评价法是有效的：使用信息中记录了数据集的用法；数据日志信息记录了有关数据集的生产和历史信息；用途信息描述了数据集的用途。

三、空间数据的误差源与误差传播

空间数据的误差包括随机误差、系统误差以及粗差。数据是通过对现实世界中的实体进行解译、量测、数据输入、空间数据处理以及数据表示而完成的。其中每一个过程均有可能产生误差，从而导致相当数量的误差积累。

空间数据的误差源蕴含在整个 GIS 运行的每个环节，并且往往会随系统的运行不断传播，使得 GIS 空间数据的误差分析相当复杂，甚至在某些环节没有任何方式可对其进行分析。

四、误差的类型

GIS 中的误差是指 GIS 中数据表示与其现实世界本身的差别。数据误差的类型可以是随机的，也可以是系统的。归纳起来，数据的误差主要有四大类，即几何误差、属性误差、时间误差和逻辑误差。在这几种误差中，属性误差和时间误差与普通信息系统中的误差概念是一致的，几何误差是地理信息系统所特有的，而几何误差、属性误差和时间误差都会造成逻辑误差，下面主要讨论几何误差、逻辑误差和属性误差。

1. 几何误差

由于地图是以二维平面坐标表达位置，二维平面上的几何误差主要反映在点和线上。

第一，点误差。关于某点的点误差即为测量位置与其真实位置的差异。真实位置的测量方法比测量位置要更加的精确，如在野外使用高精度的 GPS 方法得到。点误差可通过计算坐标误差和距离的方法得到。为了衡量整个数据采集区域或制图区域内的点误差，一般采用抽样测算的方法。抽样点应随机分布于数据采集区内，并具有代表性。这样抽样点越多，所测的误差分布就越接近于点误差的真实分布。

第二，线误差。线在地理信息系统数据库中既可表示线性现象，又可以通过连成的多边形表示面状现象。第一类是线上的点在真实世界中是可以找到的，如道路、河流、行政界线等，这类的线性特征的线误差主要产生于测量和对数据的后处理；第二类是现实世界中找不到的，如按数学投影定义的经纬线、按高程绘制的等高线，或者是气候区划线和土壤类型界限等，这类线性特征的线误差及在确定线的界线时的误差，被称为解译误差。解译误差与属性误差直接相关，若没有属性误差，则可以认为那些类型界线是准确的，因而解译误差为零。

2. 逻辑误差

检查逻辑误差，有助于发现不完整的数据。对数据进行质量控制或质量评价，一般先从数据的逻辑性检查入手。

3. 属性误差

属性数据可以分为命名、次序、间隔和比值四种类型。间隔和比值的属性数据误差可以用点误差的分析方法进行分析评价。此处主要讨论命名和次序这两种类型。多数专题地图都用命名或次序表现，如人口分布图、土地利用图、地质图等内容主要为命名数据，而反映坡度、土壤侵蚀度等的一般是次序数据。如将土壤侵蚀度分为若干级，级数即为次序数据。考察空间任意点处定性属性数据与其真实的状态是否一致，只有对或错两种可能。因此可以用遥感分类中常用的准确度评价方法来评价定性数据误差。

定性属性数据的准确度评价方法比较复杂，它受属性变量的离散值（如类型的个数）、每个属性值在空间分布和每个同属性地块的形态和大小、检测样点的分布和选取，以及不同属性值在特征上的相似程度等多种因素的影响。

五、空间数据质量的控制

空间数据质量控制是指，在 GIS 建设和应用过程中对可能引入误差的步骤和过程加以控制，对这些步骤和过程的一些指标和参数予以规定，对检查出的错误和误差进行修正，以达到提高系统数据质量和应用水平的目的。在进行空间数据质量控制时，必须明确数据质量是一个相对的概念，除了可度量的空间和属性误差外，许多质量指标是难以确定的。因此空间数据质量控制主要是针对其中可度量和控制的质量指标而言的。数据质量控制是一个复杂的过程，要从数据质量产生和扩散的所有过程和环节入手，分别采取一定的方法和措施来减少误差。

（一）空间数据质量控制的方法

空间数据质量控制常见的方法有以下三种：

第一，传统的手工方法。质量控制的手工方法主要是将数字化数据与数据源进行比较，图形部分的检查包括目视方法、绘制到透明图上与原图叠加比较，属性部分的检查采用与原属性逐个对比或其他比较方法。

第二，元数据方法。数据集的元数据中包含了大量的有关数据质量的信息，通过它可以检查数据质量，同时元数据也记录了数据处理过程中质量的变化，通过跟踪元数据可以了解数据的状况和变化。

第三，地理相关法。用空间数据的地理特征要素自身的相关性来分析数据的质量。例如，从地表自然特征的空间分布着手分析，山区河流应位于微地形的最低点，因此叠加河流和等高线两层数据中必有一层数据有质量问题，如不能确定哪层数据有问题时，可以通过将它们分别与其他质量可靠的数据层叠加来进一步分析。因此，可以建立一个有关地理特征要素相关关系的知识库，以备各空间数据层之间地理特征要素的相关分析之用。

（二）空间数据生产过程中的质量控制

数据质量控制应体现在数据生产和处理的各个环节。下面仍以地图数字化生成空间数据过程为例，论述数据质量控制的措施。

1. 数据源的选择

由于数据处理和使用过程的每一个步骤都会保留甚至加大原有误差，同时可能引入新的数据误差，因此，数据源的误差范围至少不能大于系统对数据误差的要求范围。所以对于大比例尺地图的数字化，原图应尽量采用最新的二底图，即使用变形较小的薄膜片基制作的分版图，以保证资料的现势性和减少材料变形对数据质量的影响。

2. 数字化过程的数据质量控制

数字化过程的数据质量控制主要从数据预处理、数字化设备的选用、数字化对点精度、数字化限差和数据精度检查等环节出发。

（1）数据预处理。主要包括对原始地图、表格等的整理、誊清或清绘。对质量不高的数据源，如散乱的文档和图面不清晰的地图，通过预处理工作不但可减少数字化误差，还可提高数字化工作的效率。对扫描数字化的原始图像或图像，还可采用分版扫描的方法来减小矢量化误差。

（2）数字化设备的选用。主要按手扶数字化仪、扫描仪等设备的分辨率和精度等有关参数进行挑选，这些参数应不低于设计的数据精度要求。一般要求数字化仪的分辨率达到0.025mm，精度达到0.2mm；对扫描仪的分辨率则不低于300DPI。

（3）数字化对点精度（准确性）。数字化对点精度是指数字化时数据采集点与原始点重合的程度。一般要求数字化对点误差小于0.1mm。

（4）数字化限差。数字化时各种最大限差规定为：曲线采点密度2mm，图幅接边误差0.2mm，线划接合距离0.2mm，线划悬挂距离0.7mm。对接边误差的控制，通常当相邻图幅对应要素之间的距离小于0.3mm时，可移动其中一个要素以使两者接合；当这一距离在0.3mm与0.6mm之间时，两要素各自移动一半距离；若距离大于0.6mm，则按一般制图原则接边，并作记录。

（5）数据精度检查。主要检查输出图与原始图之间的点位误差。一般要求，对直线地物和独立地物，这一误差应小于0.2mm；对曲线地物和水系，这一误差应小于0.3mm；对边界模糊的要素应小于 0.5mm。

第三节　地理空间数据的输出

地理空间数据在 GIS 中经过分析处理后，所得到的分析和处理结果必须以某种可以感知的形式（地图、图表、图像、数据报表或文字说明及多媒体等）表现出来，以供 GIS 用户使用。

一、地理空间数据的输出方式

目前，一般地理信息系统软件都为用户提供三种主要的图形、图像和属性数据报表输出方式。屏幕显示主要用于系统与用户交互式的快速显示，是比较廉价的输出产品，需以屏幕摄影方式做硬拷贝，可用于日常的空间信息管理和小型科研成果输出；矢量绘图仪制图用来绘制高精度的、比较正规的大图幅图形产品；喷墨打印机，特别是高品质的激光打印机已经成为当前地理信息系统地图产品的主要输出设备。

（一）屏幕显示

由于屏幕同绘图机的彩色成图原理有着明显的区别，所以，屏幕所显示的图形如果直接用色彩打印机输出，两者的输出效果往往存在着一定的差异，这就给利用屏幕直接进行地图色彩配置的操作带来很大的障碍。解决的方法一般是根据经验制作色彩对比表，以此作为色彩转换的依据。近年来，部分地理信息系统与机助制图软件在屏幕与绘图机色彩输出一体化方面已经做了不少卓有成效的工作。

（二）矢量绘图

矢量绘图通常采用矢量数据方式输入，根据坐标数据和属性数据将其符号化，然后通过制图指令驱动制图设备，也可以采用栅格作为输入，将制图范围划分为单元，在每一单元中通过点、线构成颜色、模式表示，其驱动设备的指令依然是点、线。矢量制图指令可在矢量制图设备上直接实现，也可以在栅格制图设备上通过插补将点、线指令转化为需要输出的点阵单元，其质量取决于制图单元的大小。

在图形视觉变量的形式中，符号形状可以通过数学表达式、连接离散点、信息块等方法形成；颜色采用笔的颜色表示；图案通过填充方法按设定的排列、方向进行填充。

常用的矢量制图仪器有笔式绘图仪，它通过计算机控制笔的移动而产生图形。大多数笔式绘图仪是增加型，即同一方向按固定步长移动而产生线。许多设备有两个马达，一个为 X 方向，另一个是 Y 方向。利用一个或两个马达的组合，可在 8 个对角方向移动。但是移动步长应很小，以保持各方向的移动相等。

（三）打印输出

打印输出一般是直接以栅格方式进行的，可利用以下三种打印机。

1. 点阵打印机

点阵打印是用打印机内的撞击色带，然后利用印字头打将色带上的墨水印在纸上而达成打印效果，点精度达 0.141mm，可打印比例准确的彩色地图，且设备便宜、成本低，速度与矢量绘图相近，但渲染图比矢量图均匀，便于小型地理信息系统采用，目前的主要问题是解析度低，且打印幅面有限，大的输出图需进行图幅拼接。

2. 喷墨打印机

喷墨打印机，亦称喷墨绘图仪。喷墨打印机是高档的点阵输出设备，输出质量高，速度快，随着技术的不断完善与价格的降低，目前已取代矢量绘图仪的地位，成为 GIS 产品的主要输出设备。

3. 激光打印机

激光打印机是一种既可用于打印又可用于绘图的设备，是利用碳粉附着在纸上而成的一种打印机，由于打印机内部使用碳粉，属于固体，而激光光束又不受环境影响，所以激光打印机可以常年保持印刷效果清晰细致，任何纸张上都可得到好的效果。绘制的图像品质高、绘制速度快，是计算机图形输出的基本发展方向。

二、地理空间数据的输出类型

（一）地图

地图是空间实体的符号化模型，是地理信息系统产品的主要表现形式。根据地理实体的空间形态，常用的地图种类有点位符号图、线状符号图、面状符号图、等值线图、三维立体图、晕渲图等。点位符号图在点状实体或面状实体的中心以制图符号表示实体质量特征；线状符号图采用线状符号表示线状实体的特征；面状符号图在面状区域内用填充模式表示区域的类别及数量差异；等值线图将曲面上等值的点以线连接起来表示曲面的形态；三维立体图采用透视变换产生透视投影使读者对地物产生深度感并表示三维曲面的起伏；晕渲图以地物对光线的反射产生的明暗使读者对二维表面产生起伏感，从而达到表示立体形态的目的。

（二）图像

图像也是空间实体的一种模型，它不采用符号化的方法，而是采用人的直观视觉变量（如灰度、颜色、模式）表示各空间位置实体的质量特征。它一般将空间范围划分为规则的单元（如正方形），然后根据几个规则确定图像平面的相应位置，用直观视觉变量表示该单元的特征。

（三）统计图表

非空间信息可采用统计图表表示。统计图将实体的特征和实体之间与空间无关的相互关系采用图形表示，它将与空间无关的信息传递给使用者，使得使用者对这些信息有全面、直观的了解。统计图常用的形式有柱状图、扇形图、直方图、折线图和散点图等。统计表格将数据直接表示在表格中，使读者可以直接看到具体数据值。

三、地理空间数据的图面配置

图面配置是指对图面内容进行安排。在一幅完整的地图上，图面内容包括图廓、图名、图例、比例尺、指北针、制图时间、坐标系统、主图、副图、符号、颜色、背景等内容，内容丰富而繁杂。一般情况下，图面配置应该主题突出、图面均衡、层次清晰、易于阅读，以求美观和逻辑的协调统一而又不失人性化。

（一）主题突出

制图的目的是通过可视化手段来向人们传递空间信息，因此在整个图面上应该突出所要传递的内容，即制图主体。制图主体的放置应遵循人们的心理感受和习惯，必须有清晰的焦点，为吸引读者的注意力，焦点要素应放置于地图光学中心的附近，即图面几何中心偏上一点，同时在线画、纹理、细节、颜色的对比上要与其他要素有所区别。

图面内容的转移和切换应比较流畅。例如图例和图名可能是随制图主体之后要看到的内容，因此应将其清楚地摆放在图面上，甚至可以将其用方框或加粗字体突出，以吸引读者注意。

（二）图面平衡

图面是以整体形式出现的，而图面内容又是由若干要素组成的。图面设计中的平衡，就是要按照一定的方法来确定各种要素的地位，使各个要素显示得更为合理。图面布置得平衡不意味着将各个制图要素机械性地分布在图面的每一个部分，尽管这样可以使各种地图要素的分布达到某种平衡，但这种平衡淡化了地图主体，并且会使各个要素无序。图面要素的平衡安排往往无一定之规，需要通过不断的试验和调整才能确定。一般不要出现过亮或过暗、偏大或偏小、太长或太短、与图廓太紧等现象。

（三）图形—背景平衡

图形在视觉上更重要一些，距读者更近一些，有形状、颜色和具体的含义。背景是图形背景，目的是衬托和突出图形。合理地利用背景可以突出主体，增加视觉上的影响和对比度，但背景太多会减弱主体的重要性。图形—背景并不是简单地决定应该有多少对象和多少背景，而是要将读者的注意力集中在图面的主体上。例如，如果在图面的内部填充的是和背景一样的颜色，则读者就会分不清陆地和水体。

图形—背景可用它们之间的比值进行衡量，称为图形—背景比率。提高图形—背景比率的方法是使用人们熟悉的图形，例如分析陕北黄土高原的地形特点时，可以将陕西省从整体中分离出来，使人们立即识别出陕西的形状，并将注意力集中到焦点上。

（四）视觉层次

视觉层次是图形—背景关系的扩展。视觉层次是指将三维效果深度引入制图的视觉设计与开发过程，它根据各个要素在制图中的作用和重要程度，将制图要素置于不同的视觉层次中。最重要的要素放在最顶层并且离读者最近，而较为次要的要素放在底层且距读者比较远，从而突出了制图的主体，增加了层次性、易读性和立体感，使图面更符合人们的视觉生理感受。

视觉层次一般可通过插入、再分结构和对比等方式产生。

插入是用制图对象的不完整轮廓线使它看起来像位于另一对象之后。例如当经线和纬线相交于海岸时，大陆在地图上看起来显得更重要或者在整个视觉层次中占据更高的层次，图名、图例如果位于图廓线以内，无论是否带修饰，看起来都会更突出。

再分结构是根据视觉层次的原理，将制图符号分为初级和二级符号，每个初级符号赋予不同的颜色表示，而同一类型下的不同结构成分则可通过点或线对图案进行区分。再分结构在气候、地质、植被等制图中经常用到。

对比是制图的基本要求，对布局和视觉层都非常重要。尺寸宽度上的变化可以使高等级公路看起来比低等级公路、省界比县界、大城市比小城市等更重要，而色彩、纹理的对比则可以将图形从背景中分离出来。

不论是插入法还是对比法，应用过程中要注意不要滥用。过多地使用插入，会导致图面的费解而破坏平衡性，而过多地采用对比则会导致图面和谐性的破坏，如亮红色和亮绿色并排使用就会很刺眼。

四、制图内容的一般安排

（一）主图

主图是地图图幅的主体，应占有突出位置及较大的图面空间。同时，在主图的图面配置中，还应注意以下四个问题。

第一，在区域空间上，要突出主区与邻区是图形与背景的关系，增强主图区域的视觉对比度。

第二，主图的方向一般按惯例定为上北下南。如果没有经纬网格标示，左、右图廓线即指示南北方向。但在一些特殊情况下，如果区域的外形延伸过长，难以配置在正常的制图区域内，就可考虑与正常的南北方向作适当偏离，并配以明确的指向线。

第三，移图。制图区域的形状、地图比例尺与制图区域的大小难以协调时，可将主图的一部分移到图廓内较为适宜的区域，这就是移图。移图也是主图的一部分。移图的比例尺可以与主图比例尺相同，但经常也会比主图的比例尺缩小。移图与主图区域关系的表示应当清楚无误。假如比例尺及方向有所变化，均应在移图中注明。在一些表示我国完整疆域的地图中，经常在图的右下方放置比例尺小于大陆部分的南海诸岛图，就是一种常见的移图形式。

第四，重要地区扩大图。对主图中专题要素密度过高，难以正常显示专题信息的重要区域，可适当采取扩大图的形式处理。扩大图的表示方法应与主图一致，可根据实际情况适当增加图形数量。扩大图一般不必标注方向及比例尺。

（二）副图

副图是补充说明主图内容不足的地图，如主图位置示意图、内容补充图等。一些区域范围较小的单幅地图，用图者难以明白该区域所处的地理位置，需要在主图的适当位置配上主图位置示意图，它所占幅面不大，但却能简明、突出地表现主图更大区域范围内的区位状况。内容补充图是把主图上没有表示，但又是相关或需要的内容，以附图的形式表达，如地貌类型图上配一幅比例尺较小的地势图，地震震中及震级分布图上配一幅区域活动性地质构造图等。

（三）图名

图名的主要功能是为读图者提供地图的区域和主题的信息。表示统计内容的地图，还必须提供清晰的时间观念。图名要尽可能简练、确切。组成图名的三个要素（区域、主题、时间）如已经以其他形式做了明确表示，则可以酌情省略其中的某一部分。例如在区域性地图集中，具体图幅的区域名可以不用。图名是展示地图主题最直观的形式，应当突出、醒目。它作为图面整体设计的组成部分，还可以看成一种图形，可以帮助取得更好的整体平衡。图名一般可放在图廓外的北上方，或图廓以内以横排或竖排的形式放在左上、右上的位置。图廓内的图名，可以是嵌入式的，也可以直接压盖在图面上，这时应处理好与下层注记或图形符号的关系。

（四）图例

图例应尽可能集中在一起。虽然经常都被置于图面中不显著的某一角，但这并不意味着降低图例的重要性。为避免图例内容与图面内容的混淆，被图例压盖的主图应当镂空。只有当图例符号的数量很大，集中安置会影响主图的表示及整体效果时，才可将图例分成几部分，并按读图习惯，还会对图面配置的合理与平衡起重要作用。

（五）比例尺

地图的比例尺一般被安置在图名或图例的下方。地图上的比例尺，以直线比例尺的形式最为有效、实用。但在一些区域范围大、实际的比例尺已经很小的情况下，如一些表示世界或全国的专题地图，可以将比例尺省略。因为，这时地图所要表达的主要是专题要素的宏观分布规律，各地域的实际距离等已经没有多少价值，更不需要进行什么距离方面的量算。放置了比例尺，反而有可能会得出不切合实际的结论。

（六）统计图表与文字说明

统计图表与文字说明是比较有效的对主题的概括与补充形式。由于其形式（包括外形、大小、色彩）多样，能充实地图主题、活跃版面，因此有利于增强视觉平衡效果。统计图表与文字说明在图面组成中占次要地位，数量不可过多，所占幅面不宜太大。对单幅地图更应如此。

（七）图廓

单幅地图一般都以图框作为制图的区域范围。挂图的外图廓形状比较复杂。桌面用图的图廓都比较简练，有的就以两根内细外粗的平行黑线显示内外图廓。有的在图廓上表示有经纬度分化注记，有的为检索而设置了纵横方格的刻度分划。

第二章

地理信息系统概述

第一节　地理信息系统的内涵与演进

一、信息和地理信息的内涵

（一）数据和信息

1. 数据

数据，是未加工的原始资料，指对某一事件、事物、现象进行定性和定量描述的原始资料，包括文字、数字、符号、语言、图形、图像以及它们能转换成的形式。数据是用以载荷信息的物理符号，数据本身并没有意义。

2. 信息

信息，是用数字、文字、符号、语言、图形、图像等介质或载体，表示事件、事物、现象等的内容、数量或特征，向人们（或系统）提供关于现实世界新的事实和知识，作为生产、管理、经营、分析和决策的依据。信息具有客观性、适用性、可传输性和共享性等特征，具体如下。

（1）客观性：任何信息都是与客观事实紧密相关的，这是信息的正确性和精确度的保证。

（2）适用性：信息是为特定的对象服务的，同时也为服务对象提供生产、建设、经营、管理、分析和决策的有用信息。

（3）可传输性：信息可在信息发送者和信息接收者之间传输。

（4）共享性：同一信息可传输给多个用户，为多个用户共享，而本身并无损失。

3. 数据与信息的关系

数据和信息密不可分，信息来自数据，数据是信息的载体。数据是未加工的原始资料、文字、数字、符号、语言、图形和图像等都是数据。数据是对客观对象的表示，信息则是数据内涵的意义，是数据的内容和解释，只有理解了数据的含义，对数据做出了解释，才能提取出数据中所包含的信息。例如，从测量数据中可以提取出目标和物体的形状、大小和位置等信息，从遥感卫星图像数据中可以提取出各种地物类型及其相关属性，从实地调查数据中可提取出各专题的属性信息。信息处理的实质是对数据进行处理，从而获得有用的信息。

（二）地理数据和地理信息

1. 地理数据

地理数据，是各种地理特征和现象之间关系的符号化表示，包括空间位置特征、属性特征、时态特征三个基本部分。空间位置描述地理实体所在的空间绝对位置以及实体之间空间关系的相对位置。空间位置由坐标参照系统描述，空间关系由拓扑关系（邻接、关联、连通、包含、重叠等）描述。属性特征又称非空间特征，是地理实体的定性、定量指标，描述了地理信息的非空间组成成分。时态特征是指地理数据采集或地理现象发生的时刻或时段。时态特征目前正受到地理信息系统学界的重视，成为研究热点。

2. 地理信息

地理信息，是指与所研究对象的空间地理分布有关的信息，表示地表物体及环境所具有的数量、质量、分布特征、联系和规律等，是对表达地理特征和地理现象之间关系的地理数据的解释。地理信息具有空间分布性、多维结构、时序特征、数据量大等特性，具体如下。

（1）空间分布性：指地理信息具有空间定位的特点，并在区域上表现出分布式的特点，其属性表现为多层次。

（2）多维结构：指在同一个空间位置上，具有多个专题和属性的信息结构，如在同一个空间位置上，可取得高度、噪声、污染、交通等多种信息。

（3）时序特征：即动态变化特征，是指地理信息随时间变化的序列特征，可按超短期（台风、地震等）、短期（江河洪水、季节低温等）、中期（土地利用、作物估产等）、长期（城市化、水土流失等）和超长期（地壳运动、气候变化等）时序来划分。

（4）数据量大：地理信息因为既具有空间特征又具有属性特征，还有随时间变化的特征，所以数据量大。

3. 地理数据与地理信息的关系

地理数据和地理信息是密不可分的。地理信息来源于地理数据，地理数据是地理信息的载体，但并不就是地理信息。只有理解了地理数据的含义，对地理数据做出解释，才能提取出地理数据中所包含的地理信息。地理信息处理的实质是对地理数据进行处理，从而获得有用的地理信息。

（三）地理实体和地理现象

地理实体，指具有固定地理空间参考位置的地理要素，具有相对固定的空间位置和空间关系、相对不变的属性。地理实体特征要素包括离散特征要素和连续特征要素。例如：井、电力和通信线的杆塔、山峰的最高点、道路、河流、边界、市政管线、建筑物、土地利用和地表覆盖类型等为离散特征要素；温度、湿度、地形高程、植被指数、污染浓度等为连续特征要素。

地理现象，指发生在地理空间中的地理事件特征要素，具有空间位置、空间关系和属性随时间变化的特性。例如台风、洪水过程、天气过程、地震过程、空气污染等为地理现象。对于地理现象，需要在时空地理信息系统中将其视为动态空间对象进行处理和表达，记录位置、空间关系、属性之间的变化信息，进行时空变化建模。地理现象相对于地理实体的最典型区别是：地理现象是在一个特定的时间段存在的，具有一个发生、发展到消亡的过程。

（四）地理对象

地理对象，是地理实体和地理现象在空间/时空信息系统中的数字化表达形式，具有随表达尺度而变化的特性。地理实体和地理现象是在现实世界中客观存在的，地理对象是地理实体和地理现象的数字化表达。

地理对象包括离散对象和连续对象。离散对象采用离散方式对地理对象进行表达，每个地理对象对应于现实世界的一个实体对象元素，具有独立的实体意义，称为离散对象。离散对象采用点、线、面、体等几何要素表达。离散对象随着表达的尺度不同，对应的几何元素会发生变化。例如：一个城市在大尺度上表现为面状要素，在小尺度上表现为点状要素；河流在大尺度上表现为面状要素，在小尺度上表现为线状要素。离散对象一般采用矢量形式进行表达。连续对象采用连续方式对空间对象进行表达，每个对象对应于一定取值范围的值域，称为连续对象或空间场。连续对象一般采用栅格要素进行表达。

从地理实体/地理现象到地理对象，再到地理数据，再到地理信息的发展，反映了人类认识的巨大飞跃。地理信息属于空间信息，其位置的识别是与地理数据联系在一起的，具有区域性。地理信息具有多维结构特征，即在同一位置上具有多个专题和属性的信息结构。例如，在一个地面点位上，可取得高度、地基承载力、噪声、污染、交通等多种信息。而且，地理信息具有明显的时序特征，即具有动态变化的特征，这就要求及时采集和更新，并根据多时相的数据和信息来寻找随时间变化的分布规律，进而对未来进行预测或预报。

二、信息系统

（一）信息系统的内涵与要素

信息系统，是能对数据和信息进行采集、存储、加工和再现，并能回答用户一系列问题的系统。信息系统的四大功能为数据采集、管理、分析和表达。更简单地说，信息系统是基于数据库的问答系统。

从计算机科学的角度看，信息系统是由计算机硬件、软件、数据和用户四大要素组成的问答系统，智能化的信息系统还包括知识。硬件包括各类计算机处理机及其终端设备；软件是支持数据与信息的采集、存储、加工、再现和回答用户问题的计算机程序系统；数据是系统分析与处理的对象，构成信息系统应用的基础，包括定量数据和定性数据；用户是信息系统服务的对象，是信息系统的主人。用户分一般用户和从事系统建立、维护、管理和更新的高级用户。

（二）信息系统的类型划分

1. 按照智能化程度进行划分

信息系统按照智能化程度，可以划分为以下四种类型。

（1）事务处理系统（TPS），强调数据的记录和操作，主要支持操作层人员的日常活动，处理日常事务，如民航订票系统就是一种典型的事务处理系统。

（2）管理信息系统（MIS），需要包含组织中的事务处理系统，并提供内部综合形式的数据，以及外部组织的一般范围的数据，如本科教学管理系统。

（3）决策支持系统（DSS），是用于获得辅助决策支持方案的交互式计算机系统，一般由语言系统、知识系统和问题处理系统共同组成，如城市规划决策支持系统。

（4）人工智能和专家系统（ES），是模仿人工决策处理过程的计算机信息系统，它扩大了计算机的应用范围，将其由单纯的资料处理发展到智能推理，如智能交通系统。

2. 按照应用领域进行划分

信息系统按照应用领域可以划分为经营信息系统、企业管理信息系统、金融信息系统、交通运输信息系统、空间信息系统（SIS）和其他信息系统等。其中，空间信息系统是一种十分特别而重要的信息系统，可以采集、处理、管理和更新空间信息。

三、地理信息系统的概念及演进

地理信息系统（GIS）是一种特定而又十分重要的空间信息系统，它是以采集、表达、处理、管理、分析和描述整个或部分地球表面（包括大气层在内）与空间和地理分布有关数据的空间信息系统。因为地球是人类赖以生存的基础，所以 GIS 是与人类的生存、发展和进步密切关联的一门信息科学与技术，越来越受到重视。

目前，GIS 的概念在不断地发展和演进。地理信息系统在面向部门的专业应用不断拓展的同时，已开始向社会化、大众化应用发展，GIS 从传统意义上的地理信息系统拓展为地理信息科学和地理信息服务等多个方面。

地理信息科学，是关于 GIS 的发展、使用和应用的理论，是信息时代的地理学，是关于地理信息的本质特征与运动规律的一门科学。地理信息科学的提出和理论创建来自两个方面：一是技术与应用的驱动，这是一条从实践到认识，从感性到理论的发展路线；二是学科融合与地理综合思潮的逻辑扩展，这是一条理论演绎的发展路线。在地理信息科学的发展过程中，两者相互交织、相互促进，共同推进地理学思想的发展、范式的演变和地理信息科学的产生和发展。地理信息科学本质上是在两者的推动下地理学思想演变的结果，是新的技术平台、观察视点和认识模式下地理学的新范式，是信息时代的地理学。相对于地理信息系统，地理信息科学更侧重于基础理论。

地理信息服务，是指遵循服务体系的架构和标准，采用网络服务技术，基于地理信息互操作标准和规范，在网络环境下提供地理信息系统的数据、分析、可视化等功能的服务。地理信息服务是网络环境下一组与空间信息相关的软件功能实体，该软件功能实体通过接口封装实现其功能。狭义的地理信息服务是指遵循 Web 服务体系架构和标准，利用网络服务技术在网络环境下提供 GIS 数据、分析、可视化等功能的服务和应用。广义的地理信息服务是指提供与地理空间信息有关的一切服务。相对于地理信息系统、地理信息科学，地理信息服务强调面向服务的架构，以及为用户提供各种服务（数据服务、功能服务、应用服务等）。

与 GIS 相关的还有两个重要概念，即"地球信息科学"与"地球空间信息科学"。

地球信息科学，从"信息流"的角度提出，是研究地球系统信息的理论、方法/技术和应用的科学，其目标是通过对地球系统的信息研究，达到为全球变化研究和可持续发展研究服务。

地球空间信息科学，从"3S"集成的角度提出，是以全球导航卫星系统（GNSS）、地理信息系统（GIS）、遥感（RS）为主要内容，并以计算机和通信技术为主要技术支撑，用于采集、量测、分析、存储、管理、显示、传播和应用与地球和空间分布有关数据的一门综合和集成的信息科学和技术。地球空间信息科学是以"3S"技术为其代表，包括通信技术、计算机技术的新兴学科。

GIS 按其范围大小可以分为全球的、区域的和局部的三种。通常 GIS 主要研究地球表层的若干个要素的空间分布，属于 2~2.5 维 GIS。研究布满整个三维空间要素分布的 GIS，才是真三维 GIS。一般也常常将数字位置模型（2 维）和数字高程模型（1 维）的结合称为 2+1 维或 3 维，加上时间坐标的 GIS 称为四维 GIS 或时态 GIS。

第二节　地理信息系统的特点分析

一、地理信息系统的综合特点

（一）地理信息系统的基本特点

GIS 具有以下五个方面的基本特点。

第一，GIS 是以计算机系统为支撑的。GIS 是建立在计算机系统架构上的信息系统，由若干个相互关联的子系统构成，包括：数据采集子系统、数据处理子系统、数据管理子系统、数据分析子系统、数据产品输出子系统等。

第二，GIS 的操作对象是空间数据。空间数据的最根本特点是每一个数据都按统一的地理坐标进行编码，实现对其定位、定性和定量描述。在 GIS 中实现了空间数据的空间位置、属性特征和时态特征三种基本特征的统一。

第三，GIS 具有对地理空间数据进行空间分析、评价、可视化和模拟的综合利用优势，具有分析与辅助决策支持的作用。GIS 具备对多源、多类型、多格式空间数据进行整合、融合和标准化管理的能力，可以为数据的综合分析利用提供技术支撑。通过综合数据分析，可以获得常规方法或普通信息系统难以得到的重要空间信息，实现对地理空间对象和过程的演化、预测、决策和管理能力。

第四，GIS 具有分布特性。GIS 的分布特性是由其计算机系统的分布性和地理信息自身的分布性共同决定的。计算机系统的分布性决定了地理信息系统的框架是分布式的。地理要素的空间分布性决定了地理数据的获取、存储、管理和地理分析应用具有地域上的针对性。

第五，地理信息系统的成功应用强调组织体系和人的因素的作用。

（二）地理信息系统与相关系统

计算机制图、计算机辅助设计、数据库管理系统、遥感图像处理技术奠定了地理信息系统的技术基础。地理信息系统是这些学科的综合，它与这些学科和系统之间既有联系又有区别，以下将它们逐一加以比较，以突出地理信息系统的特点。

1. 地理信息系统与数字制图系统

数字制图是地理信息系统的主要技术基础，它涉及 GIS 中的空间数据采集、表示、处理、可视化甚至空间数据的管理。无论是在国外还是在国内，GIS 早期的技术都主要反映在数字制图方面。不同的数字制图系统（或称机助制图系统），在概念和功能上有很大的差异。数字制图系统涵盖了从大比例尺的数字测图系统、电子平板，到小比例尺的地图编辑出版系统、专题图的桌面制图系统、电子地图制作系统以及地图数据库系统。它们的功能主要强调空间数据的处理、显示与表达，有些数字制图系统还包含空间查询功能。

地理信息系统和数字制图系统的主要区别在于空间分析方面。一个功能完善的地理信息系统可以包含数字制图系统的所有功能，此外它还应具有丰富的空间分析功能。当然在很多情况下，数字制图系统与地理信息系统的界限是很难界定的，特别是对有些桌面制图系统，如 MapInfo[①] 等在归类上就有较大的争议。严格地说，MapInfo 初期的版本缺少复杂的空间分析功能，但是它在图文办公自动化、专题制图等方面大有市场，甚至一些老牌的 GIS 软件公司都开发相应的软件与它竞争。但是，要建立一个决策支持型的 GIS，需要对多层的图形数据和属性数据进行深层次的空间分析，以提供对规划、管理和决策有用的信息。各种空间分析，如缓冲区分析、叠置分析、地形分析、资源分配等功能是必要的，现在的 GIS 系统应提供空间统计分析功能。

2. 地理信息系统与计算机辅助设计系统

计算机辅助设计（CAD）是计算机技术用于机械、建筑、工程和产品设计的系统，它主要用于范围广泛的各种产品和工程的图形，大至飞机小到微芯片等。CAD 主要用来代替或辅助工程师们进行各种设计工作，也可以与计算机辅助制造（CAM）系统共同用于产品加工中做实时控制。

GIS 与 CAD 系统的共同特点是二者都有坐标参考系统，都能描述和处理图形数据及其空间关系，也都能处理非图形属性数据。它们的主要区别是，CAD 处理的多为规则几何图形及其组合，图形功能极强，属性功能相对较弱。而 GIS 处理的多为地理空间的自然目标和人工目标，图形关系复杂，需要有丰富的符号库和属性库。GIS 需要有较强的空间分析

---

①MapInfo 是美国 MapInfo 公司的桌面地理信息系统软件，是一种数据可视化、信息地图化的桌面解决方案。

功能，图形与属性的相互操作十分频繁，且多具有专业化的特征。此外，CAD 一般仅在单幅图上操作，海量数据的图库管理能力比 GIS 要弱。

但是 CAD 具有极强的图形处理能力，也可以设计丰富的符号和连接属性，许多用户都把它作为数字制图系统使用。有些软件公司为了充分利用 CAD 图形处理的优点，在 CAD 的基础上进一步开发出地理信息系统。例如，Intergraph 公司开发了基于 MicroStation 的 MGE，ESRI 公司与 Autodesk 公司合作推出了 ARC-CAD。Autodesk 公司自身又推出了基于 AutoCAD 的地理信息系统软件（或者说地图数据库管理软件）Autodesk Map。

3. 地理信息系统与数据库管理系统

数据库管理系统一般指商用的关系数据库管理系统，如 Oracle、SyBase、SQL Server、Informix Foxpro 等。它们不仅是一般事务管理系统，如银行系统、财务系统、商业管理系统、飞机订票系统等系统的基础软件，而且通常也是地理信息系统中属性数据管理的基础软件，甚至有些 GIS 的图形数据也交给关系数据库管理系统管理。而关系数据库管理系统也在向空间数据管理方面扩展，如 Oracle、Informix、Ingres 等都增加了管理空间数据的功能，许多 GIS 中的图形数据和属性数据全部由商用关系数据库管理系统管理。近年来还出现了非关系数据库统一管理图形数据、属性数据和传感网流式数据的系统。

但是数据库管理系统和地理信息系统之间还存在着区别。地理信息系统除需要功能强大的空间数据管理功能之外，还需要具有图形数据采集、空间数据可视化和空间分析等功能。所以，GIS 在硬件和软件方面均比一般事务数据库更加复杂，在功能上也比后者要多很多。例如，电话查号台可看作一个事务数据库系统，它只能回答用户所查询的电话号码，而一个用于通信的地理信息系统除了可查询电话号码外，还可提供所有电话用户的地理分布、电话空间分布密度、公共电话的位置与分布、新装用户距离最近的电信局等信息。

4. 地理信息系统与遥感图像处理系统

遥感图像处理系统，是专门用于对遥感图像数据进行处理与分析的软件，主要强调对遥感栅格数据的几何处理、灰度处理和专题信息提取。遥感数据是地理信息系统的重要数据源。遥感数据经过遥感图像处理系统处理之后，或是进入 GIS 作为背景影像，或是与经过分类的专题信息系统一起协同进行 GIS 与遥感的集成分析。

一般来说，遥感图像处理系统还不能直接用作地理信息系统。然而，许多遥感图像处理系统的制图功能也较强，可以设计丰富的符号和注记，并可进行图幅整饰，生产精美的专题地图。有些基于栅格的 GIS 除了能进行遥感图像处理之外，还具有空间叠置分析等 GIS 空间分析功能。但是这种系统一般缺少实体的空间关系描述，难以进行某一实体的属性查询和空间关系查询，以及网络分析等功能。当前遥感图像处理系统和地理信息系统的

第二章　地理信息系统概述

发展趋势是两者的进一步集成，甚至研究开发出在同一用户界面内进行图像和图形处理，以及矢量、栅格影像和 DEM 数据的整体结合的存储方式。

（三）地理信息系统与相关学科

从学科角度定义，地理信息系统属于工程技术学科，地理信息科学属于理科，GIS 与相关学科的具体联系如下。

地理学为研究人类环境、功能、演化以及人地关系提供了认知理论和方法。

地图学为地理空间信息的表达提供载体与传输工具。

测量学、大地测量学、摄影测量与遥感等为获取地理信息提供了测绘手段。

宇航科学与技术为 GIS 向航空航天领域发展提供了新的理论和方法。

应用数学（包括运筹学、拓扑学、概率论与数理统计等）为地理信息的计算提供数学基础。

系统工程为 GIS 的设计和系统集成提供方法论。

计算机图形学、数据库、数据结构等为数据的处理、存储管理和表示提供技术和方法。软件工程、计算机语言为 GIS 软件设计提供方法和实现工具。

计算机网络、现代通信技术为 GIS 提供网络和通信的支撑技术。

人工智能、知识工程等为 GIS 提供智能处理与分析的方法和技术。

管理科学为系统的开发和系统运行提供组织管理技术。

社会学、经济学、历史学、文学、艺术等为 GIS 提供人文社会学科交叉的新领域。

二、地理信息系统的技术特点

GIS 的广泛应用基于其技术特色，与一般的制图技术不同，GIS 技术在信息表达、数据组织、信息分析等方面都有独特的技术特色，这种技术特色使其适应应用需要并且得到快速发展。

（一）充分的信息表达

数据是信息的一种表达形式，为了适应数据的表达要求，需要按照数据的特性进行事物信息的抽象和分解，这种抽象和分解经常会造成信息的表现和关系分裂。例如，一条道路，不仅有其地理空间位置、分布和延展等信息，还有道路长度、宽度、路面材料等信息，从交通角度，还有车道数、限制行速等方面的信息。前者通过图形表达，后者可以用表格形式表达，但是在一般的图形技术中，并不充分考虑后者的表达，通常以图形注记的形式反映一些简要信息，并且不考虑对信息的查询，需要读图者自己对图形进行观察了

— 33 —

解，这就造成了信息表达的不充分。

信息向数据的抽象会造成信息的丢失，如，古代对武术的拳谱套路用关键动作图画表达，武术动作经过这样的抽象，动作过程的转变等一些信息就表达得不充分。

1. 地理问题表达信息化

数学分析是有效的数据处理方式，对函数可以求导、积分，但地理问题不容易用通常的数学方式表达，因为通常的数学表达要求"光滑性"，比如对函数，只有连续才可求导函数，而地理问题不具备此特征，是一种"病态数学"问题，因此在很长的一段时间内，地理问题被弃在数学问题之外。

在 GIS 中，地图代数以及离散数学的差分求导方式很好地解决了这一问题。在 GIS 中，将地理问题在图形数字化的基础上进行提升，建立了专门的数据处理理论、方法和模型，使其对地理信息的处理能力极大增强。

2. 图形与属性关联

图形与属性的关联是 GIS 的又一技术特征。在通常的有关地理调查，如土地利用调查中，不但要绘制地块图形，还要登记每个地块的属性，形成了图形和属性数据分离的状态，对地块和属性的相互识别，在非 GIS 中，只能通过人工方式，即使把数据输入计算机，这种情况仍未改变，如用图形软件表达图形，用表格处理软件表达数据表。这样极大地限制了对地理信息的应用。

在 GIS 中，图形与属性通过程序建立连接和识别，可以通过属性记录查找相应的图形，也可以通过图形查询相应的记录。并且，以数据表方式表达的属性表，还可以像一般的表数据一样进行计算统计。

实际上，GIS 的属性表数据采用关系数据库数据表的组织方式，因此可以完全采用数据库技术作用于属性表数据。并且，由于图形与属性记录的关联，数据库信息应用扩展到了图形方面，这是一般图形技术所不具备的。

3. 图形片段与多维信息

在 GIS 中，图形信息也被极大地扩展，通过分段技术，把一条线的整体从形态和结构上不做改变，但可以划分为多个片段。利用片段，可以保证在原数据不改变的基础上建立分段描述。对管线系统，支管道与主管道有连接，在数据组织中，为了辨析其间的连接关系，基本的 GIS 表达通常需要把主管道按支管道接口分割成多个分段，虽然便于识别关系，也形成了数据分析和管理的问题。利用分段技术，不需要进行数据分割，通过程序建立主支管道的逻辑联系。这样，分段技术既满足了应用需要，也保证了基础数据的完整性和一致性，并且，由于分段是一种以基础数据为依据的逻辑结构，不需要独立进行图形信息存储，只需要针对基础数据指出分段位置加以记录即可。

分段这一技术特色，解决了在线路和图形连段之间的矛盾协调问题，极大地扩展和提升了图形信息的应用范围和应用深度。

在 GIS 中，对地图信息，除了用图形表达外，还把其他的非地理空间信息也进行表达。这样，在 GIS 中地理事物信息得到较充分的表达。这就成为 GIS 的一种技术特色，这一技术特色为地理信息查询、分析、建模等奠定了技术基础。

4. 拓扑结构信息扩展

图形及其元素之间有一种空间位置关系，这种关系被归纳为相连、相邻、包含、构成几种，通过这些关系，可以获得不同图形之间、不同图形元素之间的关系，这种关系被称为拓扑几何关系。

在 GIS 中，运用拓扑关系进行图形数据组织和表达，从而在基本的图形信息基础上进行信息扩展，形成丰富的数据信息。在计算机拓扑图形中，凡是有同样坐标端点的不同线段必然是相互连接的。这样，通过拓扑，首尾相连的几条线段闭合拓扑构成多边形，共用某条边的两个多边形相邻，一个图形可以处在一个多边形内部或外部等。

这种拓扑关系提供图形的拓扑关系查询及相关图形的信息，极大地丰富了图形信息体系，也为图形关系分析建立基础。

（二）专业问题地理空间几何化

空间关系的本质是一种几何表现，地图以几何图形为基础，从地理角度看，几何图形之间具有复杂的关系，因此需要并且可以通过几何运算来揭示这种关系和联系。这样，在 GIS 中，地理问题可被化为几何问题，通过几何问题进行地理问题研究、分析、应用。

1. 地理空间问题的几何性

地图是对地理空间问题的图形表达，本质上是把地理事物用几何图形表达。由于地图图形是实际地理事物形态的描绘，因此通常是非规则几何图形，更由于地图制图综合和地图投影缘故，不同的投影、不同的比例尺地图图形有变形。

从几何的另一个角度，对地理事物的空间度量也通过地图表达，如面积、长度等，为此在地图绘制中要保持某种几何精度。

例如，陡坡区域是一种地理事物特征的空间范围，从图形上可以看作若干多边形构成的图形，耕地是土地利用类型的地理空间分布范围，也可以看作多边形几何图形。由于在同一区域的这两个类型可能有空间重合，即几何上的图形叠加，因此可以提取几何交集，作为陡坡耕地类型，还是退耕还林的区域。

2. 用几何方法解决空间问题

对地理空间问题，可以表达为几何图形，并分析图形之间的几何关系。例如，火炮防护范围可以是一个以火炮位置为球心，以射程为半径的一个地面以上的半球体，无人侦察机的飞行路径可以表达为一条空间三维线，三维线和半球体的空间交会部分，可以作为侦察与防护的有效或危险概率计算依据。

对地理问题，通过各种要素关系建立几何关系。从几何图形角度，地理信息的空间图形部分按要素划分，通过数据处理形成几何集合体，然后进行特定的几何状况分析和判断。这种分析基于属性或空间几何的特征。

3. 用逻辑思想构造几何关系

地理问题的几何化通过信息关系组织和构造，依据地理信息的图形和属性特征，每种属性都表达一定地理空间目标，不同的属性表达不同的目标，不同属性目标之间有一定的拓扑几何关系。例如，对于用地评价，用地划分为地块，地块具有土壤、植被、权属等多方面的信息，某种特定权属地块和某种特定土壤类型地块中的一些可能是同一地块，可能是相邻地块。由此把地理问题化为几何问题。

第三节　地理信息系统的当代发展

当代地理信息系统在技术方面的进展主要表现在组件 GIS、互联网 GIS、多维动态 GIS、实时 GIS、移动 GIS，以及地理信息网络共享与互操作、地理空间信息公共服务等方面，以下分别予以介绍。

一、组件 GIS

GIS 基础软件可以定性为应用基础软件。GIS 基础软件往往需要根据某一行业或某一部门的特定需求进行应用开发，因而软件的体系结构和应用系统二次开发的模式对 GIS 软件的市场竞争力非常重要。

GIS 软件大多数都已过渡到基于组件的体系结构，一般采用 COM/DCOM 技术。组件体系结构为 GIS 软件工程化开发提供了强有力的保障。一方面，组件采用面向对象技术，软件模块化更加清晰，软件模块的重用性更好；另一方面，也为用户的二次开发提供了良好的接口。组件接口是二进制接口，可以跨语言平台调用。例如，用 C++开发的 COM 组件可以用 VB 或 Java 语言调用，因而二次开发用户可以用 VB、Java 等语言开发应用系统，大大提高了应用系统的开发效率。

二、互联网 GIS

随着互联网的发展，特别是万维网技术的发展，信息的发布、检索和浏览无论在形式上还是在手段上都发生了革命性的变化。网络的发展为 GIS 提供了机遇和挑战，改变了 GIS 数据信息的获取、传输、发布、共享、应用和可视化等过程和方式。互联网为 GIS 数据在 WWW[①] 上提供了方便的发布与共享方式，互联网的分布式查询为用户利用 GIS 数据提供了有效的工具，WWW 和 FTP 使用户从互联网下载 GIS 数据变得十分方便。

互联网为地理信息系统提供了新的操作平台，互联网与地理信息系统的结合，即 WebGIS 是 GIS 发展的必然趋势。WebGIS 使用户不必购买昂贵的 GIS 软件，而直接通过 Internet 获取 GIS 数据和使用 GIS 功能，以满足不同层次用户对 GIS 数据的使用要求。WebGIS 提供了用户和空间数据之间的可操作工具，而且 WebGIS 中的数据信息是动态的、实时的。

因为之前技术的原因，一般基于客户端/服务器模式的地理信息系统都不能在互联网上运行，所以几乎每一个 GIS 软件商除了有一个地理信息系统基础软件平台之外都开发了一个能运行于互联网的 GIS 软件，如 ESRI 的 ArcIMS、MapInfo 的 MapXtream、GeoStar 的 GeoSurf 等。

三、多维动态 GIS

传统的 GIS 都是二维的，仅能处理和管理二维图形和属性数据，有些软件也具有 2.5 维数字高程模型（DEM）地形分析功能。随着技术的发展，三维建模和三维 GIS 迅速发展，而且具有很大的市场潜力。随着对时态问题和地理过程建模的研究，时态 GIS 的研究逐步得到了重视。多维动态 GIS 已成为当代 GIS 发展的一个重要方向，当前的多维动态 GIS 主要有以下形式。

第一，DEM 地形数据和地面正射影像纹理叠加在一起，形成三维的虚拟地形景观模型，有些系统还能将矢量图形数据叠加进去。这种系统除了具有较强的可视化功能外，通常还具有 DEM 的分析功能，如坡度分析、坡向分析、可视域分析等，还可以将 DEM 与二维 GIS 进行联合分析。

第二，在虚拟地形景观模型之上，将地面建筑物竖起来，可形成城市三维 GIS。城市三维 GIS 对房屋的处理有三种模式：①每栋房屋一个高度，形状也做了简化，形如盒状，

---

①WWW 是 World Wide Web 的简称，也称为 Web、3W 等。WWW 是基于客户机/服务器方式的信息发现技术和超文本技术的综合。

墙面纹理四周都采用一个缺省纹理；②房屋形状是通过数字摄影测量实测的，或是通过 CAD 模型导入的，形状与真实物体一致，具有复杂造型，但墙面纹理可能做了简化，一栋房屋采用一种缺省纹理；③在复杂造型的基础上叠加真实纹理，形成虚拟现实景观模型。

第三，真三维 GIS。它不仅表达三维物体表面（地面和地面建筑物的表面），还表达物体的内部，如矿山、地下水等。由于地质矿体和矿山等三维实体不仅表面呈不规则状，而且内部物质也不一样，此时 z 值不能作为一个属性，而应该作为一个空间坐标。矿体内任一点的值是三维坐标 x，y，z 的函数，即 $P=f(x, y, z)$。在进行三维可视化的时候，z 是 x，y 的函数，如何将 $P=f(x, y, z)$ 进行可视化，表现矿体的表面形状，并反映内部结构是一个难题。所以，当前的真三维 GIS 还有一些瓶颈问题。虽然目前推出了一些实用的真三维 GIS 系统，但一般都做了一些简化。

前两种三维 GIS 目前技术比较成熟，但是许多这样的三维 GIS 与 GIS 基础软件脱节，没有与主模块融合在一起，空间分析功能受到限制。另外，它们一般采用文件系统管理数据，不能对大区域范围进行建模和可视化。只有采用空间数据库的主流技术，包括应用服务器中间件技术、分布式数据库技术等，才能建立大区域（如一个特大城市）的三维空间数据库。

第四，时态 GIS。传统的 GIS 不能考虑时态，随着 GIS 的普及应用，GIS 的时态问题日益突出。例如，土地利用动态变更调查需要用到时态 GIS，空间数据的更新也要考虑空间数据的多版本和多时态问题。因此，时态 GIS 是当前 GIS 研究与发展的一个重要方向。一般在二维 GIS 上加上时间维，称为时态 GIS。如果三维 GIS 之上再考虑时态问题，称为四维 GIS 或三维动态 GIS。

四、实时 GIS

随着位置服务技术和天空—地—各种传感器的广泛应用，产生了海量的时空序列数据。为了快速接入、存储、管理这些时空序列数据，维护时空关系，描述和分析时空变化过程，满足对日益频发的各种自然和人文突发事件的检测、预警、应急响应以及智慧城市建设等的需求，迫切需要研发一种面向动态地理对象与动态过程模拟的新一代实时 GIS。由此，可以搭建一个通用的实时 GIS 时空数据模型，用于存储与管理在复杂地理现象时空变化过程中所涉及的时空数据，以便支撑实时 GIS 可视化与分析应用。

时空过程是地理现象时空变化的总称，包含着有限个地理对象和事件。地理对象是时空过程的主要实体部分，地理对象随时间的变化是时空过程的外在表现。在时空过程中，使用不同的图层对地理对象进行组织与管理，便于对地理对象进行检索与控制。事件是时空过程的另外一个重要的组成部分，是地理对象相互作用的表现形式，也是地理对象相互联系的纽带。事件类型注册到地理对象中，指明了地理对象生成该种类型的事件的生成条件，或者是地理对象受到该种类型事件驱动而产生变化时的驱动条件。当地理对象的时空变化满足事件类型所规定的条件时，地理对象就会生成一个该类型的事件，同样，当事件的属性满足事件类型所规定的条件时，地理对象就对事件的驱动做出响应，即事件驱动地理对象产生变化，从而使整个时空过程处于一个动态变化的过程中。为保证系统的实时性，观测通过传感网的传感器观测服务（SOS），获取传感器观测数据，并将实时数据写入对应的地理对象中。地理对象根据变化的观测数据，构建相应的对象状态序列。

五、移动 GIS

随着计算机软、硬件技术的高速发展，特别是 Internet 和移动通信技术的发展，GIS 由信息存储与管理的系统发展到社会化的、面向大众的信息服务系统。

移动 GIS 是一种应用服务系统，其定义有狭义与广义之分：广义的移动 GIS 是一种集成系统，是 GIS、GNSS、移动通信、互联网服务、多媒体技术等的集成，如基于手机的移动定位服务；狭义的移动 GIS 是指运行于移动终端并具有桌面 GIS 功能的 GIS。

移动 GIS 通常提供移动位置服务和空间信息的移动查询，移动终端有手机、掌上电脑、便携机、车载终端等。

六、地理信息网络共享与互操作

因为数据结构、数据模型、软件体系结构不同，所以不同 GIS 软件的空间信息难以共享。为此，开放地理信息联盟（OGC）和国际标准化组织（ISO/TC211）制定了一系列有关地理信息共享与互操作的标准，当前主要集中于制定基于 Web 服务的地理信息共享标准。Web 服务技术是地理信息共享与互操作最容易实现和推广使用的技术。

目前多个国际标准化组织制定的基于 Web 的空间信息共享服务规范，得到了各个 GIS 厂商及应用部门的广泛支持。例如，基于 Web 的地图服务规范，利用具有地理空间位置信息的数据制作地图，并使用 Web 服务技术发布地图信息，可以被任何支持 Web 服务的软件调用与嵌入，使不同 GIS 软件建立的空间数据库可以相互调用地理信息。由于该规范的接口比较简单，得到了许多国家和软件商的支持。

七、地理空间信息公共服务

随着计算机网络技术的发展和普遍应用，越来越多的地理空间信息被发送到网络上为大众提供服务。例如，谷歌地图、微软地图、天地图、开放街道图、百度地图、腾讯地图、搜狗地图等，都提供了在网络地图上查询各种与位置相关信息的功能。

第三章
地理信息系统的架构

第一节　地理信息系统的硬件架构

GIS（地理信息系统）硬件架构是设计一个 GIS 的基础架构，在现有的计算机硬件设备基础上，依据用户的应用需求，通过对各种设备、软件等系统的集成，透过开放的网络环境，遵循系统安全和信息安全的前提下，为地理信息系统的开发与应用提供一个高效、安全、规范、共享、协作、透明的一体化计算环境。

一、GIS 硬件设备

计算环境中的硬件设备主要包括各种类型的计算机、存储设备、网络设备、外部设备、智能设备等。各种设备在基础支持环境和计算机网络中互联互通，从而构成 GIS 功能的硬件实现。

（一）计算机

地理信息系统一般存储大量的数据，对地理数据选取和处理时，需要进行大量的计算，因此系统对计算环境的计算能力、运算速度、存储容量、图形处理能力等有较高的要求。根据地理信息系统的数据量、数据处理时效、图形图像处理等要求，可选择不同类型的计算机系统来承载 GIS 的不同功能需求。

1. 大型计算机和小型计算机

大型计算机，又称大型机、大型主机、主机等，是从 IBM System/360 开始的一系列计算机及与其兼容或同等级的计算机，主要用于大量数据和关键项目的计算，如银行金融交易及数据处理、人口普查、企业资源规划等大型事务处理系统。

大型机体系结构的最大优势在于其无与伦比的 I/O 处理能力。通常倾向于整数运算，强调大规模的数据输入、输出，着重强调数据的吞吐量，同时拥有强大的容错能力。由于大型机使用专用的操作系统和应用软件，这个系统极具稳定性和可靠性；其平台与操作系统并不开放，因而很难被攻破，安全性极强。

早期的 GIS 部署在大型计算机上，随着 PC 和各种服务器的高速发展，很多部门都放弃了原来的大型机改用小型机和服务器。另外，客户机/服务器技术的飞速发展也是大型机在 GIS 上应用萎缩的一个重要原因。但大型计算机具有可靠性、安全性、向后兼容性和极其高效的 I/O 性能，重要部门的海量地理空间数据依然存储在大型机上。

小型机是指采用精简指令集处理器，性能和价格介于 PC 服务器和大型主机之间的一种高性能计算机。小型机采用的是主机/哑终端模式，并且各厂商均有各自的体系结构，彼此互不兼容。在国外，小型机是一个已经过时的名词，并于 20 世纪 90 年代消失。在中国，小型机习惯上用来指 UNIX 服务器。

UNIX 服务器具有高 RAS[①] 特性，在服务器市场中处于中高端位置。UNIX 服务器具有区别 x86 服务器和大型主机的特有体系结构，基本上，各厂家使用自家的 UNIX 版本操作系统和专属处理器。使用小型机的用户一般是看中 UNIX 操作系统和专用服务器的安全性、可靠性、纵向扩展性及高并发访问下的出色处理能力。

随着各行各业信息化的深入，信息分散管理的弊端越来越多，运营成本迅速增长，信息集中成了不可逆转的潮流。在地理信息系统中，可以选择采用大型机和小型机用于承担处理大容量数据的服务，如用于数据库服务器。

2. 超级计算机和高性能计算集群

超级计算机是指由数千甚至更多处理器组成、能完成普通计算机和服务器不能完成的大型复杂课题的计算机，被誉为"计算机中的珠穆朗玛峰"。超级计算在科学与工程领域应用最早、最广泛，应用效果最显著，已同理论研究和科学实验一起成为人类探索未知世界的三大科学手段，被称为科学发现的第三支柱。作为"现代科学技术的大脑"，超级计算机已成为解决重大工程和科学难题时难以取代的工具。应用领域涉及天气气候、航空航天、先进制造、新材料等方面。

高性能计算（HPC）指通常使用很多处理器（作为单个机器的一部分）或者某一集群中组织的几台计算机（作为单个计算资源操作）的计算系统和环境。大多数基于集群的 HPC 系统使用高性能网络互联，网络拓扑和组织使用简单的总线拓扑，采用平行处理技术改进计算机结构，使计算机系统同时执行多条指令或同时对多个数据进行处理，进一步提高计算机运行速度。HPC 系统使用的是专门的操作系统，这些操作系统被设计为看起来像是单个计算资源。整个 HPC 单元的操作和行为像是单个计算资源，它将实际请求的加载

---

①RAS：可靠性（reliability）、可用性（availability）、服务性（serviceability）。

展开到各个结点。

随着观测技术的发展及地理信息应用的深入,地理空间数据的内容越来越丰富,其数据量也越来越大。在海量数据的支持下进行地学过程模拟需要极高的计算、处理能力,从超级计算机与高性能计算集群获得数据分析和模拟成果,能推动地理信息领域高精尖项目的研究与开发。因此,在地理信息系统的硬件架构中,采用超级计算机或高性能计算集群承担地学过程模拟等超级任务是一种必然的选择。

3. 微型计算机、图形工作站、军用微型计算机与服务器

(1) 微型计算机,简称微机,俗称电脑。其准确的称谓应是微型计算机系统,可以简单定义为:在微型计算机硬件系统的基础上以微型处理器为核心,配置必要的外部设备、电源、辅助电路和控制微型计算机工作的软件构成的实体。桌面计算机、游戏机、笔记本电脑、平板电脑,以及种类众多的手持设备都属于微型计算机。目前的各种微型计算机系统,无论是简单的单片机、单板机,还是较复杂的个人计算机系统,其硬件体系结构采用的基本上是计算机的经典结构:由运算器、控制器、存储器、输入设备和输出设备五大部分组成,采用"指令驱动"方式。微型计算机软件的种类很多,功能各异,但按计算机专业可划分为系统软件和应用软件两类。系统软件是计算机系统的核心,管理和控制计算机硬件各部分协调工作,为各种应用软件提供运行平台。应用软件则是基于系统软件提供的开发接口构建的各种具体应用。

微机成为 GIS 主要应用机型。尽管个人用微型计算机的处理速度已慢慢地赶上较大计算机的速度,但是微机的 I/O 处理能力较弱,内、外存容量对 GIS 而言仍然偏小,特别是磁盘与内存之间的传输速度制约了 GIS 在微机上的应用。微机在地理信息系统中通常作为应用客户端和数据采集使用。

(2) 图形工作站。图形工作站是一种高档的微型计算机,是专业从事图形、图像(静态)、图像(动态)与视频工作的高档次专用电脑的总称。通常配有高分辨率的大屏幕显示器及容量较大的内部存储器和外部存储器,并且具有较强的信息处理功能和高性能的图形、图像处理及联网功能。其主要用途是完成以往被图形功能限制的普通电脑无法完成的一些诸如 3D 图形设计、CAD 产品设计等对图形显示要求很高的工作。

图形工作站主要面向专业应用领域,具备强大的数据运算与图形、图像处理能力。通常都配置有计算能力较强的处理器、较大的内存和带有 GPU(图形处理器)的专业级图形加速卡,这种配置特别适用于 GIS 中的图形、图像处理。

从目前的形势看,工作站发展时间虽短,但来势凶猛,大有成为 GIS 的主流机之势。一方面,工作站的处理速度,内、外存容量,工作性能接近或达到早期小型机甚至中型机，完全可以满足 GIS 数据的生产、加工与预处理等工作的要求。另一方面，体积和价格却大大缩小和降低，工作站的主机可以比微机还小，高档工作站的价格也不高，而低档工作站的价格与一台微机相当。

（3）军用微型计算机。军用微型计算机是指应用于军事领域的微型计算机，必须满足相应的军事规范。有定制的军规计算机，也有通过对商用成熟技术产品进行特殊处理，使之能用于军事环境的加固计算机。军用微型计算机面对的环境比工业微型计算机更苛刻，如酷热的沙漠、炮弹横飞的战场、振动和冲击力强大的坦克车等。因此，许多国家在军用计算机方面都制定了自己的标准。尽管各国的标准不尽相同，但防水、防沙、防热、防寒、防振、防摔、防压、防霉菌、防盐雾等都是军用微型计算机必须满足的标准。军用微型计算机不仅仅局限于军事应用，也可应用于类似的环境，如伴随潜水员进入海底或水底、民用机载和船载，以及野外操作等。

（4）服务器，也称伺服器，是提供计算服务的设备。因为服务器需要响应服务请求，并进行处理，所以一般来说，服务器应具备承担服务并且保障服务的能力。服务器的构成包括处理器、硬盘、内存、系统总线等，与通用的计算机架构类似。但是因为需要提供高可靠的服务，所以在处理能力、稳定性、可靠性、安全性、可扩展性、可管理性等方面要求较高。

服务器按照体系架构来区分，主要分为 x86 服务器和非 x86 服务器两类。x86 服务器又称 CISC（复杂指令集）架构服务器，即通常所讲的 PC 服务器，它是基于 PC 机体系结构，使用 Intel 或其他兼容 x86 指令集的处理器芯片和 Windows 或 Linux 操作系统的服务器。特点是价格便宜、兼容性好、稳定性较差、安全性不算太高，主要应用在中小企业和非关键业务中。非 x86 服务器通常指 UNIX 服务器，国内称为小型机。它们是使用 RISC（精简指令集）或 EPIC（并行指令代码）处理器，并且主要采用 UNIX 和其他专用操作系统的服务器。这种服务器价格较贵，体系封闭，但是稳定性好，性能强，主要应用在金融、电信等大型企业的核心系统中。

服务器在应用层次方面通常是依据整个服务器的综合性能，特别是所采用的一些服务器专用技术来衡量的，一般可分为入门级服务器、工作组级服务器、部门级服务器、企业级服务器。从外形的角度，服务器通常又被分为机架式、刀片式和塔式。

因为服务器具备较高的计算能力和较好的 RASUM 特性①，所以在各个领域广泛应用。在 GIS 环境架构中，根据 GIS 的具体需求，选择不同档次的服务器承担不同的应用和服务，如作为应用服务器、文件服务器及 Web 服务器等。

①RASUM 特性指：R—reliability，可靠性；A—availability，可用性；S—scalability，可扩展性；U—usability，易用性；M—manageability，可管理性。

（5）掌上电脑与移动终端。微型计算机是当今发展速度最快、应用最为普及的计算机类型。它可以细分为 PC 服务器、NT 工作站、台式计算机、膝上型计算机、笔记本型计算机、掌上型计算机、可穿戴式计算机及平板电脑等多种类型。习惯上人们将尺寸小于台式机的微型计算机统称为便携式计算机。目前掌上型计算机和个人数字助理的概念似乎有些混淆。有人把低端的产品归为 PDA，把高端的产品归为掌上型计算机。实际上国外已经很普遍地把所有的手持式移动计算产品统称为 PDA，而国内则习惯称为掌上电脑。

掌上电脑是一种运行在嵌入式操作系统和内嵌式应用软件之上的、小巧、轻便、易带、实用和廉价的新一代超轻型计算设备，是计算机微型化、专业化趋势的产物。它无论在体积、功能和硬件配备方面都比笔记本计算机简单轻便，但在功能、容量、扩展性、处理速度、操作系统和显示性能方面又远远优于电子记事簿。掌上电脑的电源通常采用现有的电池，一般没有磁盘驱动器，更确切地说，其程序是储存在 ROM 中的，并且当打开计算机时程序才被装载入 RAM 中。为提供更广阔的灵活性和更强的功能，掌上电脑关键的核心技术是嵌入式操作系统，各种产品之间的竞争也主要在此。目前市面上的产品主要有三大类：第一类是使用 Palm OS 系统的品牌；第二类是使用 Microsoft 的 Windows CE 操作系统的品牌；第三类就是国内厂商，如联想、方正等，它们也多使用 Windows CE 系统，但 Linux、Android、iOS 等也颇具潜力。

掌上电脑不断增加和增强个人事务处理功能；在通信功能和各种信息的输入、输出功能方面有较大的提高；着重研制开发出包含个人助理功能、数据处理功能、具备多样性与兼容性通信功能的专用掌上电脑设备。以其极佳的移动性、丰富的功能、小巧的外形设计、超长的电池支持时间、更轻的重量、超高分辨率的液晶显示屏和支持无线网络接入功能等优势，特别在移动导航、外业数据采集和移动办公系统等领域深受欢迎。

（二）计算机网络

计算机网络是指将地理位置不同的具有独立功能的多台计算机及其外部设备，通过通信线路连接起来，在网络操作系统、网络管理软件及网络通信协议的管理和协调下，实现资源共享和信息传递的计算机系统。简单来说，计算机网络就是由通信线路互相连接的许多自主工作的计算机构成的集合体。

从逻辑功能上看，计算机网络是以传输信息为基础目的，利用通信线路将地理上分散的、具有独立功能的计算机系统和通信设备按不同的形式连接起来，以功能完善的网络软件及协议实现资源共享和信息传递的系统。一个计算机网络组成包括传输介质和通信设备。

从用户角度看，计算机网络的定义是：存在一个能为用户自动管理的网络操作系统。

由它调用完成用户所调用的资源，而整个网络像一个大的计算机系统一样，对用户是透明的。

计算机网络从整体上把分布在不同地理区域的计算机与专门的外部设备用通信线路互联成一个规模大、功能强的系统，从而使众多的计算机可以方便地互相传递信息，共享硬件、软件、数据信息等资源。在构建网络环境时，应充分考虑以下六个方面。

第一，网络传输基础设施。网络传输基础设施指以网络联通为目的铺设的信息通道。根据距离、带宽、电磁环境和地理形态的要求可以是室内综合布线系统、建筑群综合布线系统、城域网主干光缆系统、广域网传输线路系统、微波传输和卫星传输系统等。

第二，网络通信设备。网络通信设备指通过网络基础设施连接网络节点的各类设备，通称网络设备。包括网络接口卡（NIC）、交换机、三层交换机、路由器、远程访问服务器（RAS）、中继器、收发器、网桥和网关等。

第三，网络服务器硬件和操作系统。服务器是组织网络共享核心资源的宿主设备。网络操作系统则是网络资源的管理者和调度员。二者又是构成网络基础应用平台的基础。

第四，网络协议。网络中的节点之间要想正确地传送信息和数据，必须在数据传输的速率、顺序、数据格式及差错控制等方面有一个约定或规则，这些用来协调不同网络设备之间信息交换的规则称为协议。网络中每个不同的层次都有很多种协议，如数据链路层有著名的 CSMA/CD 协议、网络层有 IP 协议集及 IPX/SPX 协议等。

第五，外部信息基础设施的互联互通。当前，互联互通已成为网络建设的重要内容之一，几乎所有的 GIS 项目都要遇到内联和外联问题。虽然我国国家信息基础设施现在发展较快，但是目前绝大部分网络接入和网络带宽资源都被三大运营商掌握。在互联互通过程中，访问 Internet 实现较为便捷，而通过 Internet 向公众提供服务则需要慎重。

第六，网络安全。随着网络规模的不断扩大、用户的不断增多及网络中关键应用的增加，网络安全已成为网络建设中必须认真分析、综合考虑的关键问题。在网络环境建设中，应从网络设计、业务软件、网络配置、系统配置及通信软件五个方面综合考虑，采取不同的策略与措施以保障网络环境的安全和系统整体的安全。

在进行 GIS 网络环境设计与建设中，必须首先确定网络应用的需求，然后具体考虑网络类型、互联设备、网络操作系统与服务器的选择，以及网络拓扑结构、网络传输设施和网络安全性保障等。

（三）基础支持环境

基础支持环境是指为了保障硬件系统和计算机网络的安全、可靠、正常运行所必须采取的环境保障措施。主要内容包括网络布线、电源、机房等。

1. 网络布线

计算机及通信网络均依赖布线系统作为网络连接的物理基础和信息传输的通道。新一代的结构化布线系统能同时提供用户所需的数据、话音、传真、视像等各种信息服务的线路连接，它使话音和数据通信设备、交换机设备、信息管理系统及设备控制系统、安全系统彼此相连，也使这些设备与外部通信网络相连接。主要包括建筑物到外部网络或电话局线路上的连线、与工作区的话音或数据终端之间的所有电缆及相关联的布线部件。在进行布线系统设计和施工时，应充分根据系统应用需求和建设环境的实际情况，从实用性、灵活性、模块化、扩展性、经济性、通用性等方面综合考量。

综合布线系统产品由各个不同系列的器件所构成，包括传输介质、交叉/直接连接设备、介质连接设备、适配器、传输电子设备、布线工具及测试组件。这些器件可组合成系统结构各自相关的子系统，分别起到各自功能的具体用途。

网络布线是信息网络系统的"神经系统"；网络系统规模越来越大，网络结构越来越复杂，网络功能越来越多，网络管理维护越来越困难，网络故障系统的影响也越来越大。网络布线系统关系网络的性能、投资、使用和维护等诸多方面，是网络信息系统不可分割的重要组成部分。

2. 电源

电源为网络关键设备提供可靠的电力供应，理想的电源系统是不间断电源（UPS）。它有三项主要功能，即稳压、备用供电和智能电源管理。有些单位供电电压长期不稳，对网络通信和服务器设备的安全和寿命造成严重威胁，并且会威胁宝贵的业务数据，因而必须设置稳压电源或带整流器和逆变器的 UPS。电力系统故障、电力部门疏忽或其他灾害造成电源掉电，损失有时是无法预料的。配备适用于网络通信设备和服务器接口的智能管理型 UPS，断电时 UPS 会调用一个值守进程，保存数据现场并使设备正常关机。一个良好的电源系统是地理信息系统可靠运行的保证。

3. 机房

机房通常指位于网管中心或数据中心用以放置网络核心交换机、路由器、服务器等网络要害设备的场所，还有各建筑物内放置交换机和布线基础设施的设备间、配线间等场所。机房和设备间对温度、湿度、静电、电磁干扰、光线等要求较高，在网络布线施工前要先对机房进行设计、施工、装修。

（四）存储设备与数据存储

网络存储技术是基于数据存储的一种通用术语，网络存储结构通常分为直连式存储

（DAS）、网络附加存储（NAS）和存储网络（SAN）三种。

1. 直连式存储

在小型 GIS 系统的网络环境中通常采用的数据存储模式是直连式存储，也称为直接附件存储或服务器附加存储（SAS）。在这种方式中，存储设备通常是通过电缆（通常是 SCSI 接口电缆）直接连接到服务器，完全以服务器为中心，作为服务器的组成部分，I/O 请求直接发送到存储设备。其依赖于服务器，本身是硬件的堆叠，不带任何存储操作系统。

直连式存储适合于存储容量不大、服务器数量很少的小型 GIS，优点在于容量扩展非常简单，成本少而见效快；缺点在于每台服务器拥有自己的存储磁盘，容量再分配困难，没有集中管理解决方案。

2. 网络附加存储

"NAS 是 Network Attached Storage 的缩写，中文翻译为网络附加存储设备，也称网络直联存储设备或网络磁盘阵列，它最先始于美国硅谷。"[①] 网络附加存储简单来说就是连接在网络上的具备数据存储功能的装置，也称为网络存储器或网络磁盘阵列，是一种专业的网络文件存储及文件备份设备，是基于局域网的按照 TCP/IP 协议通信，以文件的 I/O 方式进行数据传输的。在局域网环境下，网络附加存储完全可以实现异构平台之间的数据级共享。一个 NAS 系统包括处理器、文件服务管理模块和多个磁盘驱动器。NAS 本身能支持 NFS、CIFS、FTP、HTTP 等多种协议，以及各种操作系统，可以应用在任何网络环境中。

网络附加存储对数据量较大的 GIS 是非常重要的，其技术特点和应用特点对 GIS 栅格数据的支持作用非常明显，如在金字塔模型下瓦片文件的存取与管理。

3. 存储网络

存储网络通常是指存储设备相互连接且与一台服务器或一个服务器群相连接的网络，其中服务器用作 SAN 的接入点。在有些配置中，SAN 将特殊交换机当作连接设备，与网络相连。SAN 的支撑技术是光纤信道技术，这是 ANSI 为网络和通道 I/O 接口建立的一个标准集成，支持 HIPPI、IPI、SCSI、IP 等多种高级协议，它的最大特性是将网络和设备的通信协议与传送物理介质隔离开。这样，多种协议可在同一个物理连接上同时传送，高性能存储体和宽带网络使用单 I/O 接口，使系统的成本和复杂程度得以降低。

SAN 是将不同的数据存储设备连接到服务器的快速、专门的网络，可以扩展为多个远程站点，以实现备份和归档存储。SAN 是基于网络的存储，比传统的存储技术拥有更多的

---

①董勇敏. 网络附加存储的发展及其应用 [J]. 数字图书馆论坛，2005（3）：4-7.

容量和更强的性能，通过专门的存储管理软件，可以直接在 SAN 的大型主机、服务器或其他服务端电脑上添加硬盘和磁带设备。SAN 是独立出的一个数据存储网络，网络内部的数据传输率很高，但操作系统驻留在服务器端，用户不是直接访问 SAN 网络，因此在异构环境下不能实现文件共享。

SAN 具有高可用性和扩展性，但因为无法支持异构环境下的文件共享，所以在 GIS 中，通常采用 SAN 作为矢量数据的存储设备和系统同步复制方式的数据备份存储设备。

在 GIS 中，通常以三级存储方式（在线、近线、离线）为主，以数据存储为中心设计网络体系结构，对数据建库、更新、运行管理、分发服务、海量数据存储、备份等提供存储策略。根据系统最终建成后的数据总量、系统规模和需求，可选择 SAN 用于数据库存储与实时备份，NAS 用于文件级共享存储，二者作为在线实时运行数据存储设备，自动磁带库作为近线存储设备。

网络存储另一个重要的任务就是数据备份，而数据备份是数据安全的一个重要方面。系统在数据备份和恢复方面考虑的主要问题是采取有效的数据备份策略。原则上，数据应至少有一套备份数据，即同时应至少保存两套数据，并异地存放。针对不同的业务需要，通常资料复制可以采用同步复制和异步复制两种方式。备份管理包括备份的可计划性、备份设备的自动化操作、历史记录的保存及日志记录等。事实上，备份管理是一个全面的概念，它不仅包含制度的制定和存储介质的管理，还能决定引进设备技术，如备份技术的选择、备份设备的选择、介质的选择乃至软件技术的选择等。

二、GIS 的硬件构成

(一) GIS 硬件配置

地理信息系统的硬件配置根据经费条件、应用目的、规模以及地域分布分为单机模式、局域网模式和广域网模式。下面分别予以介绍。

1. 单机模式

对 GIS 个别应用或小项目的应用，可以采用单机模式，即一台主机附带配置几种输入、输出设备。计算机主机内包含了计算机的中央处理机（CPU）、内存（RAM）和硬盘，以及其他输入、输出控制器和接口，如 USB 控制器、显卡、网卡、声卡等，有的还带有图形处理器（GPU）。以前的一些主机上还安装了光盘驱动器，可以连接 DVD 或 CD，现在的主机一般不带光盘驱动器，而是提供 U 盘接口，可以直接连接 U 盘或活动硬盘。显示器用来显示图形和属性、系统菜单等，进行人机交互。键盘和鼠标用于输入命令、注记、属性、选择菜单或进行图形编辑。磁带机、活动硬盘等主要用来存储数据和程序或与其他系统进行通信。有了 DVD/CD-ROM 以后，磁带机的用处已越来越小，有了 USB 闪存盘和移动硬盘以后，DVD/CD-ROM 的用途越来越小。由于软盘驱动器的存储容量非常小，目前已逐渐被淘汰。数字化仪用来进行图形数字化，由于现在 GIS 的数据源主要是电子形式的数字数据，数字化仪使用得越来越少，一般不再专门配置数字化仪。绘图仪用于输出图形结果。由于现在的地图输出更多的是数字形式，一般也不需要配置专门的绘图仪，可以采取多个部门共享一台绘图仪，或者是到专门提供绘图仪服务的单位进行地图输出。

2. 局域网模式

单机模式只能进行一些小的 GIS 应用项目。因为 GIS 数据量大，靠磁盘（U 盘或移动硬盘）拷贝传送数据难以胜任，使用磁带机或 CD-ROM 太麻烦。所以一般的 GIS 应用工程都需要联网，以便于数据和硬软件资源共享。局域网模式是当前我国 GIS 应用中较为普遍的模式。局域网经过十兆、百兆以太网的变迁，目前已经发展到千兆以太网。千兆以太网具有高效、高速、高性能等特点，已经被广泛应用于包括 GIS 在内的各个领域。一个部门或一个单位一般在一座大楼之内，将若干计算机连接成一个局域网络，联网的每台计算机与服务器之间，或与计算机之间，或与外设之间可进行相互通信。

3. 广域网模式

如果 GIS 的用户地域分布较广，用户之间不能使用局域网的专线进行连接，而需要借用公共通信、远程光缆或卫星信道进行数据传输，则需要将 GIS 的硬件环境设计成广域网模式。

在广域网中，GIS 中央数据库、输入系统、输出系统、用户组、图像处理系统等通过主干网连接，在本地层面，主干网是一条或一组线路，提供本地网络与广域网的连接；在互联网和其他广域网中，主干网是一组路径，提供本地网络或城域网之间的远距离连接。连接的点一般称为网络节点。除此之外，再设计若干条通道与广域网连接。通过广域网，远距离用户就可进行数据传输。

（二）计算机及其网络设备

计算机的核心部件包括中央处理器（CPU）和主存储器（RAM）；主频、字长和内存容量用来描述计算机的主要性能；图形处理器（GPU）的出现，极大地提升了计算机的处理速度。当计算机与网络相连时，网络的配置和传输速度也是影响计算机效率的主要因素。

1. 中央处理器

中央处理器（CPU）是计算机必备和核心部件，主要用来执行程序和控制所有硬件的操作。

主频是 CPU 运算时的工作频率，是 CPU 性能的重要指标。主频越高，CPU 的运算速度越快。主频的单位是 MHz 或 GHz。

字长是中央处理器的另外一个重要指标，是影响计算机效率的一个重要因素。字长由比特位来定义。早期生产的大、中、小型计算机字长都在 32 位比特以下。20 世纪 70 年代末，出现了 8 位、16 位个人用微型计算机。随着微机的发展，现在市场上大多数微机是 32 位、64 位个人计算机。在 GIS 应用中，由于 GIS 数据量大，图形处理频繁，地理信息系统的主流机型是图形工作站，之前是 32 位，现在的主流图形工作站是 64 位。一般认为图形工作站在 GIS 图形处理方面要优于个人微型计算机，但是随着微机的飞速发展，许多性能和效率接近于图形工作站。当前，微机用于地理信息系统已越来越普遍。

随着计算机技术的快速发展，一台计算机内可以安装多个 CPU，特别是服务器，大多都装有多个 CPU，以便多用户访问时，大大提高服务器的响应速度。另外，由多台计算机的 CPU 协同工作的分布式计算也已达到实用水平。多台计算机形成网络，平时可以独立运行，若遇到大的计算任务，则联合起来，进行协同式的分布式计算。

2. 图形处理器

图形处理器（GPU）是一种专门在个人计算机、工作站和一些移动设备上处理绘图计算工作的微处理器。

GPU 主要用于进行各种绘制计算机图形所需的运算，GPU 与 CPU 在内部结构上有许多相似之处。从内部结构上来看，CPU 大部分面积为控制器和寄存器，主要负责计算机的任务管理和调度，其计算能力一般。而 GPU 具有更多的逻辑运算单元（ALU）可用于数据处理，而非数据高速缓存和流控制，且其高并行结构适合对密集型数据进行并行处理。CPU 在执行计算任务时，一个时刻只能处理一个数据，不存在真正意义上的并行。而 GPU 采用流式并行计算模式，可对每个数据进行独立的并行计算，即流内任意元素的计算不依赖于其他同类型数据。

3. 内存

内存是可以被中央处理器直接快速访问的存储区域，它也是影响计算机效率的一个重要指标。计算机的内存越大，可以处理的数据量越大，速度也越快。内存的特点是访问速度快，但内存中的程序和数据随着系统的退出或关闭而消失。

内存的容量一般以比特（bit）、字节（Byte，1B = 8 bits）、千字节（kilobyte，1KB = 1024 B）、兆字节（megabyte，1MB = 1024 KB）、吉字节（gigabyte，1GB = 1024 MB）、太字节（terabyte，1TB = 1024 GB）、拍字节（petabyte，1PB = 1024 TB）为单位。内存的容

量已经从 20 世纪 50 年代的 2KB 增加到现今的 8GB 或更多。微机的内存容量从 64KB、640KB 增加到 64MB 或 128MB，现在增加到 16G、32G 以上。

　　主频、字长和内存决定了计算机的效率，即处理速度。衡量处理速度的方法有多种，较流行的有 MIPS 和时钟频率。时钟频率是指每秒变换内存中某一单元内容的次数，即指内存的访问频率，而 MIPS 是指每秒处理的百万级条机器指令数。在微机上通常使用时钟频率作为衡量主机处理速度的一项指标。目前高档微机的时钟频率可达 2GHz 以上。Intel-Corei 7 的时钟频率在 2.5G~3.2GHz，AMD Ryzen 5 在 3.2G~3.6GHz。图形工作站常采用 MIPS 为指标，早期的工作站的处理速度在 10MIPS 左右，现在可达数百 MIPS，甚至更高。但应该指出的是，MIPS 是基于机器指令的，而不同计算机的机器指令是不同的。

(三) 输入设备

1. 数字化仪

　　数字化仪是 GIS 图形数据输入最基本的设备之一，使用方便，曾经得到普遍应用，其中全电子式坐标数字化仪精度高。这种设备利用电磁感应原理，在台板的 X、Y 方向上有许多平行的印刷线，每隔 200pm（1pm＝$1×10^{12}$m）一条，游标中装有一个线圈，当线圈中通有交流信号时，十字丝的中心便产生一个电磁场，当游标在台板上运动时，台板下的印刷线上就会产生感应电流。印刷板周围的多路开关等线路可以检测出最大的信号位置，即十字丝中心所在的位置，从而得到该点的坐标值。

　　数字化仪的精度受数字化桌本身的分辨率、数字化方式、操作者的经验和技能等多种因素影响。大多数用于制图的数字化桌具有 0.2mm 的分辨率。因为数字化桌是一种手动的仪器，受过训练的操作员的跟踪精度通常为 0.2mm 左右，所以一般商用的数字化桌基本上能满足要求。但是选择数字化桌时要注意，数字化桌的实际分辨率一般比标定分辨率低。标定分辨率为 0.025mm 的数字化桌，测试时的实际分辨率在 0.07~0.025mm。如果购买标定分辨率为 0.2mm 的数字化桌，可能就满足不了 GIS 数据质量要求。随着扫描仪的发展，这种桌面式的数字化仪已经被淘汰。

2. 摄影测量仪器

　　摄影测量通俗地说就是通过"摄影"进行"测量"，具体而言，就是通过摄影所获得的"影像"，获取空间物体的几何信息。它的基本原理来自测量的交会方法。摄影测量是 GIS 数据获取的重要方式之一。摄影测量的发展经历了模拟摄影测量、解析摄影测量和数字摄影测量三个阶段，三个阶段分别研制出模拟测图仪、解析测图仪、全数字摄影测量工作站等。

（1）模拟测图仪。模拟测图仪是依赖于精密的光学机械、结构非常复杂的摄影测量仪器。

（2）解析测图仪。解析测图仪是利用电子计算机与立体坐标量测仪相连接，用严格的数学方法计算像点坐标和模型坐标的几何关系、模型坐标与地面坐标以及图面坐标几何关系的摄影测量仪器。

（3）全数字摄影测量工作站。全数字摄影测量工作站（或称软拷贝摄影测量系统）处理的是完整的数字影像。若原始资料是相片，则首先需要利用影像扫描仪对影像进行全数字化。利用传感器直接获取的数字影像可直接进入计算机，或记录在磁带上，通过磁带机输入计算机。全数字摄影测量工作站的主要设备是一台计算机。为了便于操作员立体观察，需要配有立体显示卡和立体观察眼镜。此外，为了测量地物方便，有些用于测量矢量线绘图的数字立体摄影测量工作站还装配有手轮、脚盘，模拟解析测图仪的工作方式。

3. 扫描仪

扫描仪是 GIS 图形及影像数据输入的一种重要工具。随着地图识别技术、栅格矢量化技术的发展和效率的提高，人们寄希望于将繁重枯燥的手扶跟踪数字化交给扫描仪和软件来完成。

按照辐射分辨率划分，扫描仪分为二值扫描仪、灰度值扫描仪和彩色扫描仪。二值扫描仪每个像素 1 比特，取值 0 或 1，用于线划图和文字的扫描和数字化。灰度值扫描仪每个像素点 8 比特（8 bits = 1 Byte），分 256 个灰度级（0~255），可扫描图形、影像和文字等。彩色扫描仪通过滤光片将彩色图件或相片分解成红绿蓝三个波段，分别各占 1Byte，所以加在一起每个像素占 3Byte，连同黑白图像每个像素占 4Byte。

按照扫描仪的结构分为滚筒扫描仪、平台扫描仪和 CCD 摄像扫描仪。滚筒扫描仪是将扫描图件装在圆柱形滚筒上，然后用扫描头对它进行扫描。扫描头在 X 方向运转，滚筒在 Y 方向上转动。平台扫描仪的扫描部件上装有扫描头，可在 X、Y 两个方向上对平放在扫描桌上的图件进行扫描。CCD 摄像扫描仪在摄像架上对图件进行中心投影摄影而取得数字影像。扫描仪又有透光和反光扫描之分。

按照扫描方式又可分为以栅格数据形式扫描的栅格扫描仪和直接沿线划扫描的矢量扫描仪。栅格扫描仪扫描得到的影像，需要进行目标识别和栅格到矢量的转换。已有许多专家和公司研究全自动地图扫描仪，但至今仍未取得满意效果。人机交互的半自动地图扫描矢量化软件已投入市场。

矢量扫描仪则是直接跟踪被扫描材料上的曲线并直接产生数据的扫描仪，用得较多的是激光扫描。地图的透明膜片复制品投影到操作员面前的屏幕上，操作员用光标引导激光束，要数字化某曲线时，则将激光束引导到该线的起点，激光束自动沿线移动并记录坐标，碰到连接点或扫描等高线时碰到起始点就停止移动，操作员又进行引导，一旦一条线扫描完成后就由另一激光束在屏幕上绘出该线，操作员在该线上加入一个识别符供以后连接属性用。

扫描仪的分辨率可以用像素大小（10~100μm）或每英寸的网点数（dpi）表示。两者的转换关系是：400dpi 大约相当于 64μm×64μm 像素大小，每 1cm^2 约有 25000 个像素；1000dpi 则相当于 2500μm×2500μm 像素大小，每 1cm^2 约有 155000 个像素，这相当于 20 线对/mm。因为目前大部分地图都已经转化成了数字地图，所以现在扫描数字化也很少用了。

4. 其他仪器

全站型速测仪、GPS 接收机等测量仪器，它们能以数字形式自动记录测量数据，也可用来进行 GIS 数据采集，也可以从经济上出发，将经纬仪等与电子平板结合起来进行野外测量数据采集。

随着传感器技术、传感网技术和物联网技术的发展，传感网设备、物联网设备逐步成为当代 GIS 不可或缺的重要输入设备。利用各种温度传感器、湿度传感器，各种环境监测设备，各种视频识别 RFID 设备，甚至普通大众拥有的智能手机，可以构成获取各种自然地理要素和人文地理要素数据的传感网和物联网，无所不在的传感网和物联网设备逐步成为地理信息系统的重要数据输入设备。同时，用于 GIS 数据输入的设备，应当考虑其输出数据格式如何与 GIS 基础软件数据格式的一致性或转换问题，即要注意数据的软件接口。

（四）输出设备

1. 栅格式绘图设备

最简单的栅格绘图设备是行式打印机。虽然它的图形质量粗糙、精度低，但速度快，作为输出草图还是有用的。市场上常用的激光打印机是一种阵列式打印机。高分辨率阵列打印机源于静电复印原理，它的分辨率可达每英寸 600 点甚至 1200 点。它解决了行式打印机精度差的问题，具有速度快、精度高、图形美观等优点。某些阵列打印机带有三色色带，可打印出多色彩图。

另一种高精度实用绘图设备是喷墨绘图仪。它由栅格数据的像元值控制喷到纸张上的墨滴大小，控制功能仍然来自静电电子数目。高质量的喷墨绘图仪具有 5760×1440dpi 的分辨率，并且用彩色绘制时能产生几百种颜色，甚至真彩色。这种绘图仪能绘出高质量的彩色遥感影像图。

2. 矢量绘图机

矢量绘图机是早期最主要的图形输出设备。原理是利用计算机控制绘图笔（或刻针），在图纸或膜片上绘制或刻绘出图形来。矢量绘图机分为滚筒式和平台式两种。

矢量绘图机的输出质量主要取决于控制绘图笔的马达的步进量。对制图而言，步进量不应大于 0.054mm。绘图的灵活性和绘图速度则很大程度上取决于绘图软件，即绘制字母和符号等复杂图形的程序功能。

3. 图形终端

许多图形输出并不要求产生硬拷贝，而只是在终端上显示地图。实际上用户用这种终端的机会比用硬拷贝绘图机要多。图形终端在数据输入、编辑和检索等阶段都要用到。

现在微机上常见的 VGA 卡或 HDMI 卡及其适配器可以用来支持基于微机的数字测图系统或地理信息系统。但一个实用的运行系统应该配有高分辨率的图形终端，分辨率应达到 4096 像素×2160 像素。这种终端能显示彩色地图。图形终端除显示屏幕外，一般需要有图形卡或称为图形芯片的支持，如 NVIDIA 的 TITAN 显卡，其显存已达到 12G，最高分辨率为 7680 像素×4320 像素。

立体显示终端是最令人兴奋的进展之一，如 Tekt-Ronix 生产的 4128 立体显示系统和与 IBM PC 计算机兼容的 SGS-430 三维转换器等。立体图形终端在制图和摄影测量方面发挥了重要作用。如 Intergraph 公司和 Leica 公司推出的数字摄影测量工作站，配置立体显示终端，使影像匹配的结果叠置在终端显示的立体模型上，让人对结果的好坏一目了然。同时可用人机交互编辑进行修正，其立体显示的效果胜过一般的立体测图仪。

（五）存储设备

磁带和磁盘一直是计算机的主要存储装置。计算机磁带的原理源于录像磁带，甚至一些便携机，如 PC-1500 直接可以使用录音磁带存储程序和数据。计算机磁带有两种类型，一种是常见的圆盘磁带，另一种是形似于录像带的盒式数据流磁带。盒式数据流磁带及相应的磁带机体积小、容量大。一盒数据流磁带具有 150MB 以上的存储容量。这种轻便的数据流磁带已在工作站上广泛使用，并已开始应用于微机。

磁盘是一般计算机必备的存储设备。磁盘分硬盘和软盘两种，硬盘的存取速度和存储容量比软盘大得多，单机用的硬盘容量已达 10TB 以上。磁带存储是早期的主要存储应用之一，近年，虽然硬盘存储技术取得长足发展，但磁带价格低廉，介质稳定，可以异地脱机保存，运输方便，目前用户通常把并不频繁使用的大数据放在磁带上备份。U 盘的容量已达到 10TB 以上。硬盘和软盘驱动器和 U 盘接口以往通常安装在主机的机箱内，现在已推出了外接硬盘、活动硬盘等。

激光技术的应用使计算机的存储容量有较大突破。例如，可读光盘（写一次，读许多次）CD-ROM 存储容量可达 1GB，可擦写光盘（optical disk）容量达到 1GB。现在更多的是直接使用活动硬盘（1TB 以上），甚至是直接使用云存储器（理论上说容量无限）。地理信息系统是数据密集型系统，如果没有高密度的存储介质和较快的传输速度，地理信息系统和遥感图像处理系统很难在微机上得到应用。

一个普通硬盘的容量可达 10TB，这样的存储容量完全可以满足一般地理信息系统的要求，但是对基于影像的地理信息系统而言，这样的硬盘仍然不够。现在市场上出现了硬盘阵列、光盘阵列等装置。这些装置是把上百个硬盘插入一个硬盘柜中，或把几百个光盘插入一个光盘柜中形成一个容量达几百个或几千个 TB 的逻辑盘，服务器能对逻辑盘进行数据的统一调度和存取。

随着硬件技术的发展，计算机存储设备有了长足的进步。在硬盘存储技术上，固态硬盘（SSD）逐渐兴起，固态硬盘是由固态电子芯片阵列制成的硬盘，根据存储介质的不同，固态硬盘主要有闪存式和 DRAM 式两种类型。相比于传统的机械硬盘（HDD），固态硬盘具有数据存取速度快、防震抗摔、能耗低等特点，采用固态硬盘可以有效地加快 GIS 程序在操作系统上的执行效率。目前固态硬盘的主要缺点是成本较高。

在便携式存储设备上，USB 闪存盘大量普及。USB 闪存盘简称 U 盘，是一种用 USB 接口的无须物理驱动器的微型高容量移动存储产品，通过 USB 接口与电脑连接，可实现即插即用。USB 闪存盘的发展经历了 1.0、2.0 以及 3.0 版本，目前的 USB 3.0 在数据的传输速率上有了很大的提升，并且具有体积小、连接灵活、便于携带等优点。

云存储本身不是一种存储设备，它是一种基于云计算的数据存储解决方案，在近年来得到快速发展。云计算是一种通过网络按需提供可动态伸缩的廉价计算服务，云存储技术使用户可以通过网络将数据存储在云服务商提供的在线存储空间内，无须依赖本地的存储环境，节约了大量软硬件资源。它不仅具有数据存储功能，还具有应用软件功能，可以看作服务器和存储设备的集合体。利用云存储技术可以大量减少地理信息系统服务器的数量，降低建设成本，减少数据传输环节，提高系统性能和效率，保证整个系统的高效稳定运行。但是云存储技术在数据安全、数据质量等问题上也面临诸多挑战。

第二节　地理信息系统的数据架构

地理信息系统支撑下的部门单位业务应用运作状况，是通过地理数据反映的，地理数据是地理信息系统管理的重要资源。构建地理信息系统架构时，首先要考虑地理数据架构对当前业务应用的支持，理想的地理信息系统架构规划逻辑是数据驱动的。数据架构是地理信息系统架构的核心，有三个目的：一是分析地理信息产生机理的本质，为未来地理信息应用系统的确定及分析不同应用系统间的集成关系提供依据；二是通过分析地理数据与应用业务数据之间的关系，分析应用系统间的集成关系；三是空间数据管理的需要，明确基础地理数据，这些数据是应用系统实施人员或管理人员应该重点关注的，要时时考虑保证这些数据的一致性、完整性与准确性。

GIS 数据架构包括地理数据类型、地理数据模型和地理数据储存三个方面。地理数据模型包括概念模型、逻辑模型、物理模型，以及更细化的数据标准。良好的数据模型可以反映业务模式的本质，确保数据架构为业务需求提供全面、一致、完整的高质量数据，且为划分应用系统边界、明确数据引用关系、应用系统间的集成接口提供分析依据。良好的数据建模与数据标准的制定才是实现数据共享，保证一致性、完整性与准确性的基础，有了这一基础，企事业单位才能通过信息系统应用逐步深入，最终实现基于数据的管理决策。

一、地理数据类型概述

地理空间数据是 GIS 的重要组成部分，是系统分析加工的对象，是地理信息的表达形式，也是 GIS 表达现实世界的经过抽象的实质性内容。地理空间数据承载地理信息的形式也是多样化的，可以是各种类型的数据、卫星相片、航空相片、各种比例尺地图，甚至声像资料等，目前的主要形式有大地控制点信息数据库、栅格地图（DRG）数据库、矢量地形要素（DLG）数据库、数字高程模型（DEM）数据库、地名数据库和正射影像（DOM）数据库等。

（一）数字高程模型

"数字高程模型（DEM）作为 DTM（数字地面模型的一种），是用数字的形式对地表模型进行描述。"[①] 数字高程模型是定义在 X、Y 域离散点（规则或不规则）的以高程表达地面起伏形态的数据集合。数字高程模型数据可以用于与高程有关的分析，如地貌形态分析、透视图、断面图制作、工程土石方计算、表面覆盖面积统计、通视条件分析、洪水淹没区分析等方面。此外，数字高程模型还可以用来制作坡度图、坡向图，也可以同地形数据库中有关内容结合生成分层设色图、晕渲图等复合数字或模拟的专题地图产品。

---

① 宋朝峰. 数字高程模型数据处理 [J]. 通讯世界, 2015 (6): 180-181.

（二） 数字线划地图

数字线划地图含有行政区、居民地、交通、管网、水系及附属设施、地貌、地名、测量控制点等内容。它既包括以矢量结构描述的带有拓扑关系的空间信息，又包括以关系结构描述的属性信息。用数字地形信息可进行长度、面积量算和各种空间分析，如最佳路径分析、缓冲区分析、图形叠加分析等。数字线划地图全面反映数据覆盖范围内的自然地理条件和社会经济状况，它可用于建设规划、资源管理、投资环境分析、商业布局等各方面，也可作为人口、资源、环境、交通、报警等各专业信息系统的空间定位基础。基于数字线划地图库可以制作数字或模拟地形图产品，也可以制作水系、交通、政区、地名等单要素或几种要素组合的数字或模拟地图产品。以数字线划地图库为基础同其他数据库有关内容可叠加派生其他数字或模拟测绘产品，如分层设色图、晕渲图等。数字线划地图库同国民经济各专业有关信息相结合可以制作各种不同类型的专题测绘产品。包括底图数据及地理数据，是地理空间信息两种不同的表示方法，地图数据强调数据可视化，采用"图形表现属性"的方式，忽略了实体的空间关系，而地理信息数据主要通过属性数据描述地理实体的数量和质量特征。共同特征就是地理空间坐标，统称为地理空间数据。地理空间数据代表了现实世界地理实体或现象在信息世界的映射，与其他数据相比，地理空间数据具有特殊的数学基础、非结构化数据结构和动态变化的时间特征，提供多尺度地图和各种应用分析。

（三） 数字栅格地图

数字栅格地图是现有纸质地形图经计算机处理的栅格数据文件。纸质地形图扫描后经几何纠正（彩色地图还需经彩色校正），并进行内容更新和数据压缩处理得到数字栅格地图。数字栅格地图保持了模拟地形图的全部内容和几何精度，生产快捷、成本较低，可用于制作模拟地图，作为有关的信息系统的空间背景，也可作为存档图件。数字栅格地图数据库的直接产品是数字栅格地图，增加简单现势信息可用其制作有关数字或模拟事态图。

（四） 数字正射影像

数字正射影像数据是具有正射投影的数字影像的数据集合。数字正射影像生产周期较短、信息丰富、直观，具有良好的可判读性和可测量性，既可直接应用于国民经济各行业，又可作为背景从中提取自然地理和社会经济信息，还可用于评价其他测绘数据的精度、现势性和完整性。数字正射影像数据库除直接提供数字正射影像外，可以结合数字地形数据库中的部分信息或其他相关信息制作各种形式的数字或模拟正射影像图，还可以作为有关数字或模拟测绘产品的影像背景。

（五）数字表面模型

数字表面模型（DSM）是将连续地球表面形态离散成在某一个区域 D 上的以 X_i、Y_i、Z_i 三维坐标形式存储的高程点 $Z_i[(X_i,Y_i) \in D]$ 的集合，其中 $(X_i,Y_i) \in D$ 是平面坐标，Z_i 是 (X_i,Y_i) 对应的高程。DSM 往往是通过测量直接获取地球表面的原始或没有被整理过的数据，采样点往往是非规则离散分布的地形特征点。特征点之间相互独立，彼此没有任何联系。因此，在计算机中仅仅存放浮点格式的 $\{(X_1,Y_1,Z_1),(X_2,Y_2,Z_2),\cdots(X_i,Y_i,Z_i),\cdots,(X_n,Y_n,Z_n)\}n$ 个三维坐标。地球表面上任意一点 $(X_i,Y_i) \in D$ 的高程 Z 是通过其周围点的高程进行插值计算求得的。

DSM 是物体表面形态以数字表达的集合，是包含了地表建筑物、桥梁和树木等的高度的地面高程模型。与 DSM 相比，DEM 只包含了地形的高程信息，并未包含其他地表信息，DSM 在 DEM 的基础上，进一步涵盖了除地面以外的其他地表信息的高程。在一些对建筑物高度有需求的领域，DSM 得到了很大程度的重视。数字表面模型建立主要有倾斜摄影测量及激光雷达扫描两种方法。

（六）地物三维模型

地物三维模型是地理信息由传统的基于点线面的二维表达向基于对象的三维形体与属性信息表达的转变。考虑模型的精细程度和建模方法，三维模型的内容可分为两部分：侧重几何表达的城市三维模型和侧重建筑数字表达的建筑信息模型（BIM）。三维地物模型是描述建筑模型的"空壳"，只有几何模型与外表纹理，没有建筑室内信息，无法进行室内空间信息的查询和分析。建筑信息模型是以建筑物的三维数字化为载体，以建筑物全生命周期（设计、施工建造、运营、拆除）为主线，将建筑生产各个环节所需要的信息关联起来所形成的建筑信息集。

1. 地物三维模型

从建筑物表达层次出发，此部分数据可细分为四个层次：白模、分层分户的白模、精模和包含室内的精模。

目前，建筑物的三维建模方法主要有模拟建模、半模拟建模和测量建模，前面两种方法的思路为：通过地物的平面轮廓模型与地物的高程模型结合，方法简单，但是与实际模型相比差距较大。城市三维建模的方法主要是测量建模，目前城市三维模型常用的测量建模方法有航空摄影测量、依地形图而建和激光扫描（LiDAR）三种。这三种建模的方法都有其优缺点，应采用多种数据源和多种技术手段相结合的方式来进行三维模型的构建，将建筑物细化到每栋楼房的层和户，实现道路、水域等地物的精细化建模，使其满足城市管理与分析的应用需求。目前较为合适的方法为：首先采用已有的二维数字线划图或正射影像构建地物平面形态（建筑平面边界），利用倾斜摄影测量的立体像对为基础、LiDAR 点云数据或实地测量获得地物的高度对地物立面细节进行建模，将平面边界数据与摄影测量预处理的产品（DSM、DEM）进行配准、套合，继而进行建筑物几何模型的建立。通过人工或车载全景摄影设备采集地物的图像，经处理获取地物的纹理图片。地物几何模型与纹理图片合成形成三维地物模型，基于三维 GIS 渲染可视化给人以真实感和直接的视觉冲击。

2. 建筑信息模型

建筑信息模型是以建筑工程项目的各项相关数据作为基础，进行建筑模型的建立，通过数字信息仿真模拟建筑物所具有的真实信息。与侧重几何表达的地物三维模型（传统的 3D 建筑模型）有着本质的区别，其兼具了物理特性与功能特性。其中，物理特性可以理解为几何特性，而功能特性是指此模型具有可视化、协调性、模拟性、优化性和可出图性五大特点。BIM 的内涵不仅仅是几何形状描述的视觉信息，还包含大量的非几何信息，如材料的材质、耐火等级、传热系数、表面工艺、造价、品牌、型号、产地等。实际上，BIM 就是通过数字化技术，在计算机中建立一座虚拟建筑，对每一个建筑信息模型进行编码。

BIM 作为数字城市各类应用极佳的基础数据，可在规划审批及建筑施工完成后的城市管理、地下工程、应急指挥等领域广泛应用，为智慧城市建设的信息化、智慧化提供了第一手资料。BIM 技术可以自始至终贯穿建设的全过程，为建设过程的各个阶段提供更精细化的数据支撑，实现微观上的信息化、智能化。

随着数据采集手段、生产技术和软件的发展，倾斜摄影建模技术与 BIM 技术无缝融合，实现了城市的彻底数字化和信息最大化。搭建全要素三维城市系统平台，平台包括整个城市全面的综合数据，按照行业需求将其分层分类，直至无限层次的细分，每个行业都可以利用关联信息实现自己的功能需求，使城市信息化无限扩展，形成完整的城市信息化、智能化生态系统，促进城市建设和可持续发展。

二、地理数据存储

数据的存储管理是建立地理信息系统数据库的关键步骤，涉及对空间数据和属性数据的组织。GIS 中的数据分为栅格数据和矢量数据两大类，如何在计算机中有效存储和管理这两类数据是 GIS 的基本问题。栅格模型、矢量模型或栅格/矢量混合模型是常用的空间数据组织方法。空间数据结构的选择在一定程度上决定了系统所能执行的数据与分析功能。传统存储系统采用集中的存储服务器存放所有数据，存储服务器成为系统性能的瓶颈，也是可靠性和安全性的焦点，不能满足大规模存储应用的需要。分布式存储系统是将数据分散存储在多台独立的设备上。分布式网络存储系统采用可扩展的系统结构，利用多台存储服务器分担存储负荷，利用位置服务器定位存储信息，不但提高了系统的可靠性、可用性和存取效率，还易于扩展。

（一）地理矢量数据存储

地理矢量数据存储管理历来是 GIS 发展的一个瓶颈。地理矢量数据的分布性和多源性，以及自身特有的数据模型和空间关系决定了空间数据存储管理的复杂性，而空间数据存储管理质量的好坏直接影响 GIS 处理的效率高低。目前大多数信息管理系统都是采用关系数据库来进行数据的存储管理，因为它能较好地保证数据信息的完整性、一致性、原子性、持久性，并能提供事务操作机制和并发访问，具有完善的恢复与备份功能。GIS 作为一个信息管理系统，其核心任务之一就是要求数据库系统不仅能存储属性数据，还要能存储空间数据，并加以管理。地理矢量数据包含位置信息和空间拓扑关系信息，如果用单纯的关系数据库来存储管理，并不能取得好的效果，如索引机制方面，SQL 语句表示都有相当的困难。这就要求人们在研究相关存储技术时发展空间数据库技术，它解决空间对象中几何属性在关系数据库中的存取问题，其主要任务是：一用关系数据库存储管理空间数据；二从数据库中读取空间数据，并转换为 GIS 应用程序能接受和使用的格式；三将 GIS 应用程序中的空间数据导入数据库，交给关系数据库管理。因此，空间数据库技术是空间数据进出关系数据库的通道。

地理矢量数据采用分布式数据库架构，在数据层采用数据库分库存储各比例尺的空间数据，建立空间数据引擎，在此基础上开发地理信息数据管理系统。

（二）地理数据分布式存储

地理数据分布式存储是指空间数据不是存储在一个场地的计算机存储设备上，而是按照某种逻辑划分分散地存储在各个相关的场地上。这是由地理信息本身的特征决定的。首先，地理信息的本质特征就是区域性，具有明显的地理参考。其次，地理信息又具有专题性，通常不同的部门只收集和维护自己领域的数据。因此，对空间数据的组织和处理也是分布的。多空间数据库系统是在已经存在的若干个空间数据库之上，为全局用户提供一个统一存取空间数据的环境，并且又规定本地数据由本地拥有和管理，所以采用分割式的组织方式——所有的空间数据只有一份，按照某种逻辑划分分布在各个相关的场地上。这种逻辑划分在分布式数据库中称为数据分片。实际上，分布式多空间数据库系统的集成所遇到的大部分问题都是由空间数据的分片引起的。

数据分布包括数据的业务分布与系统分布。一方面，数据分布是分析数据的业务，即分析数据在业务各环节的创建、引用、修改或删除的关系；另一方面，是分析数据在单一应用系统中的数据架构与应用系统各功能模块间的引用关系，分析数据在多个系统间的引用关系。数据业务分布是数据系统发布的基础，数据存放模式也是数据分布中的一项重要内容。从地域的角度看，数据有集中和分布存放两种模式。数据集中存放是指数据集中存放于数据中心，其分支机构不放置和维护数据；数据分布存放是指数据分布存放于分支机构，分支机构需要维护管理本分支机构的数据。这两种数据分布模式各有其优缺点，应用部门应综合考虑自身需求，确定自己的数据分布策略。

（三）地理栅格数据存储

随着遥感技术的迅猛发展，全球范围内获取的航空航天遥感影像数据（如航空摄影相片、卫星遥感相片、地面摄影相片等）的数量正在呈几何级数增长，这使得对覆盖全球的多维海量遥感影像数据进行高效管理的难度不断加大，如何有效地存储这样的海量数据，实现多比例尺、多时相影像数据的集成统一管理，并与原有的矢量要素数据集成到不同应用领域，已成为地理信息产业建设进程中迫切需要解决的一个难题。一方面，传统文件方式下的栅格数据存储受操作系统文件大小的限制，无法处理大数据量的情况已越来越制约栅格数据的应用；另一方面，处理海量数据的关系数据库技术已经比较成熟，依赖关系数据库系统的巨大数据处理能力来存储包括影像数据在内的空间数据的呼声也越来越高。地理栅格数据的高效管理就显得十分重要。空间数据库是一种对地理栅格数据管理的有效方式。地理栅格元数据是描述地理栅格数据的数据，赋予了地理栅格数据语义上的信息，与地理栅格数据同等重要。

1. 地理栅格数据元数据

在地理栅格数据库中，地理栅格元数据是对地理栅格元数据内容、结构和数据类型的描述，它描述了地理栅格元数据内容，对其结构组织及数据类型进行严格规范。地理栅格元数据用于空间计算、数据组织和存储，对地理栅格数据的管理起着基础性和关键性的作用。

2. 地理栅格数据文件格式

虽然文件系统存储方式在数据的安全性与并发访问控制方面存在致命的缺陷，但该方式数据模型简单，易于使用，仍是栅格数据最普遍的存储方式。应用最广泛的图像格式是GeoTIFF。GeoTIFF利用了TIFF的可扩展性。TIFF是当今应用最广泛的栅格图像格式之一，它不但独立还提供扩展。GeoTIFF在其基础上加了一系列标志地理信息的标签，来描述卫星遥感影像、航空摄影相片、栅格地图和DEM等。

不管栅格数据采用何种文件格式存储，其基本组织结构与GeoTIFF类似，即通过文件目录的方式管理数据或数据在文件存储中的偏移量。通过目录组织栅格数据可以简化数据访问的步骤，提高数据读取的效率，但栅格数据文件本身是一种二进制文件格式，文件目录并不能从本质上解决读取栅格数据内容的复杂性及开发栅格数据服务的复杂性，因此，越来越多的厂商和研究机构将目标转向数据库管理系统，以寻找更便利的海量栅格数据存储和管理解决方案。

3. 栅格数据存储方式

目前，地理栅格数据的管理主要有三种模式：基于文件系统的模式、基于关系型数据库+空间数据引擎的模式和基于扩展关系（对象关系）型数据库的模式。对栅格数据而言，无论是描述地形起伏的DEM数据，或是具有多光谱特征的遥感影像数据，都可根据用户的需求按照以下两种方式进行组织。

（1）栅格数据集。用于管理具有相同空间参考的一幅或多幅镶嵌而成的栅格影像数据，物理上真正实现数据的无缝存储，适合管理DEM等空间连续分布、频繁用于分析的栅格数据类型。因为物理上的无缝拼接，所以以栅格数据集为基础的各种栅格数据空间分析具有速度快、精度较高的特点。

（2）栅格数据目录。用于管理有相同空间参考的多幅栅格数据，各栅格数据在物理上独立存储，易于更新，常用于管理更新周期快、数据量较大的影像数据。同时，栅格目录也可实现栅格数据和栅格数据集的混合管理，其中，目录项既可以是单幅栅格数据，也可以是地理数据库中已经存在的栅格数据集，具有数据组织灵活、层次清晰的特点。

第三节　地理信息系统的软件架构

软件环境是计算环境的直接表现，硬件设备对开发者和用户往往是透明的，计算环境的服务能力和支撑能力是通过软件环境体现的。同时，地理信息系统往往不是从底层开发的，而是建立在一定的GIS基础软件基础上，即使是从底层开发，也需要语言处理系统、系统开发中的工具软件、数据库管理系统等软件。

GIS 软件架构解决"做什么"的问题，即从系统学的角度，对要解决的地理问题进行详细的分析，弄清楚问题的要求，确定要计算机做什么，要达到什么样的效果，包括需要输入什么数据，要得到什么结果，最后应输出什么。从不同的侧面，人们可对信息系统进行不同的分解。

一、GIS 软件产品的分析

由于地理信息从感知、采集、处理、存储到应用服务，涉及地理信息生产、管理和服务应用不同的环节，产业链很长，每个环节的任务和职责也不相同。为此，市场需要不同的 GIS 产品。GIS 商业公司开发了不同类型的 GIS 产品，从嵌入式计算设备到桌面个人电脑，从工作站到大型服务器，从单机环境到网络环境，从局域网到互联网等多类型，适用于不同应用环境。这些 GIS 产品，由于产品中不同的产品生产于不同时期，以至于各产品设计思路、体系架构、数据结构、软件技术体系差别极大。

二、对 GIS 软件体系的分析

从 GIS 软件产品分析可以看出，GIS 软件已经不是一个软件，而成为一个软件系列，在地理信息产业链中承担不同的职责和任务。基础 GIS、网络 GIS 和移动 GIS 软件是 GIS 软件体系的三个典型代表。

（一）基础 GIS 结构

基础 GIS 软件被誉为地理信息行业的操作系统，指具有数据输入、编辑、结构化存储、处理、查询分析、输出、二次开发、数据交换等全套功能的 GIS 软件产品。基础 GIS 是一般运行于桌面计算机（图形工作站及微型计算机的统称）上的地理信息系统，又可理解为是运行于较低硬件性能指标上的较为大众化、普及化的地理信息系统，其技术水平也反映了地理信息系统技术的应用水平和普及化程度。

1. 数据库管理系统

数据库管理系统是 GIS 重要的组成部分，用于管理 GIS 中的各种数据。微软提供了多种数据库访问技术，最常用的有 ODBC、DAO 及 OLEDB 和 ADO。ODBC 是为客户应用程序访问关系数据库时提供的一个标准接口，对不同的数据库，ODBC 提供了一套统一的 API，使应用程序可以访问任何提供了 ODBC 驱动程序的数据库，这样可以使各种数据库系统的数据库文件作为数据源。DAO 提供了一种通过程序代码创建和操纵数据库的机制，多个 DAO 构成一个体系结构，在这个结构中，各个 DAO 对象协同工作，微软提供的数据库引擎通过 DAO 的封装，向程序员提供了丰富的操作数据库的手段。ADO 是微软提供的对各种数据格式的高层接口，该接口已经成为访问数据库的新标准，使用该接口的数据库称为 OLEDB，OLEDB 可以使用户方便地访问各种类型的数据库，包括关系型或非关系型数据库等。

2. 较完善的矢量图形系统

矢量图形系统是 GIS 最重要的组成部分，不同领域的 GIS 所需要的矢量图形元素不同，对其的操作要求也不同，但一般都需要如下：①比较完善的矢量图形元素。包括点、直线、圆、连接直线、多边形区域、标注文本等基本图形元素，也包括图形块。具有了基本图形元素和图形块后的矢量图形系统，在很大程度上能满足普通管理型 GIS 的矢量图形要求。②能比较完善地处理矢量图形元素。包括对图形进行放缩、移动等操作，具有图层、颜色、线形的设置等功能。③能比较完善地进行图形输入和输出。包括鼠标交互绘制功能、图形数据交互输入等功能。根据具体的情况需要具有数字化仪输入、与其他图形系统的数据接口等功能，还有从打印或绘图设备输出图形的能力。④有较大的图形元素存储容量，达到一般实用要求。⑤有较快的图形处理速度，达到一般实用要求。⑥有较强的容错能力。⑦有较强的恢复性。

3. 矢量图形元素与数据库管理系统的联系

由矢量图形元素组成的图形元素系统与数据库管理系统并非相互独立，将二者建立连接关系，就是在矢量图形系统的图形元素与数据库管理系统的数据库记录或者数据库视图之间建立连接，把属性数据赋给矢量图形元素。对一个比较完善的 GIS 来说，这种连接必须具有以下特点：连接的双向性、连接的多项性、连接的稳定性。另外，可以通过对矢量图形系统图形元素的操作（选中、图形元素间的拓扑关系等）来得到或操作与之连接的数据，实现空间信息统计和分析等功能，即以建立起来的 GIS 系统框架为基础，开发实现使用系统的具体功能。

4. GIS 开发工具

随着地理信息系统应用领域的扩展，应用型 GIS 的开发工作日显重要，GIS 的集成二次开发目前主要有两种方式：一种是 OLE/DDE 方式，即采用 OLE 或 DDE 技术，用软件开发工具开发前台可执行应用程序，以 OLE 自动化方式或 DDE 方式启动 GIS 工具软件在后台执行，利用回调技术动态获取其返回信息，实现应用程序中的地理信息处理功能。另一种是 GIS 控件方式，利用 GIS 工具软件生产厂家提供的建立在 OCX 技术基础上的 GIS 功能控件，在 Delphi 等编程工具编制的应用程序中直接将 GIS 功能嵌入其中，实现地理信息系统的各种功能。工具型地理信息系统具有 GIS 基本功能，供其他系统调用或用户进行二次开发。

工具型地理信息系统软件有很多，如 Mapinfo、ArcGISDesktop 等。Mapinfo 含义是 "Mapping+Information"（地图+信息），即地图对象+属性数据，提供二次开发 MapX 组件。ArcGISDesktop 是一个集成了众多高级 GIS 应用的软件套件，它包含了一套带有用户界面组件的 Windows 桌面应用（如 ArcMap、ArcCatalogTM、ArcTooboxTM 及 ArcGlobe）。ArcGISDesktop 具有四种功能级别：ArcReader、ArcView、ArcEditorTM 和 ArcInfoTM，都可以使用各自软件包中包含的 ArcGISDesktop 开发包进行客户化和扩展。采用 GIS 构件在开发上有许多优势，但是也存在一些功能上的欠缺和技术上的不成熟，如效率相对降低、支持的数据量减少、只覆盖了 GIS 软件的部分功能等。

（二）网络 GIS 结构

计算机网络就是用物理链路将各个孤立的工作站或主机连接在一起，组成数据链路，且以功能完善的网络软件（网络协议、信息交换方式及网络操作系统等）实现网络资源共享的系统。建立计算机网络的目的是将计算工作分摊到多台计算机中，减轻集中在单部计算机上运算负载以降低可能的风险。网络结构模式经历了集中式结构模式和分布式结构模式的演变历程。早期的网络地理信息系统多是基于客户/服务器的二级结构模式构建的。网络计算模式从早期的单一计算模式（桌面版集中式体系结构）发展到后来的客户/服务器计算模式（分布式的两层体系结构）乃至今天的浏览器/服务器计算模式（分布式的三层或多层体系结构）。

1. 浏览器/服务器

网络技术的发展和普及，要求分布在不同领域、不同部门的空间数据和处理功能能够共享和互操作，使空间信息不再局限于专业用户，普通民众也能容易地访问和使用空间信息。为了适应分布式环境下异构多个数据库系统，由 C/S 结构演变出了浏览器/服务器模型（简称 B/S 模型）。B/S 模型是一种从传统的 C/S 结构模型发展起来的新的计算模式。B/S 体系结构突破了客户/服务器两层模型的限制，将 C/S 结构中的服务器端分解成应用服务器和多个数据库服务器。B/S 结构本质上是一种三层结构的客户/服务器结构。

三层体系结构突破了客户/服务器两层模式的限制，在服务器端形成 Web 服务器和数据库两层，浏览器和服务器之间通过超文本标记语言（HTML）和超文本传输协议（HTTP）来实现信息的描述和组织。它把 C/S 结构进一步深化，将各种逻辑分别分布在三层结构中来实现，这样便可以将业务逻辑、表示逻辑分开，从而减轻客户机和数据服务器的压力，只需随机增加中间层服务器（应用服务器），较好地平衡负载。另外，将用于图形显示的表示逻辑与 GIS 的处理逻辑分开，可以使 GIS 的处理逻辑为所有用户共享而从根本上克服两层结构的缺陷，即可满足应用需要。

WebGIS 是 Internet 技术应用于 GIS 开发的必然产物。它集 Web 技术、GIS 技术和数据库技术于一身，以新的工作模式和新的数据共享机制，广泛应用于各种涉及地理信息的领域。在 Web 上为用户提供信息发布、数据共享、交流协作，从而实现 GIS 的在线查询和业务处理等功能，使用户能直接通过 Web 浏览器对 GIS 数据进行访问，实现空间数据和业务数据的检索查询、专题图输出、编辑修改等 GIS 功能，完成了 GIS 技术从 C/S 模式向 B/S 模式的转变。WebGIS 继承了 GIS 的部分功能，侧重于地理信息与空间处理的共享，是一个基于 Web 计算平台实现地理信息处理与地理信息分布的网络化软件系统。

随着应用规模的扩展、网络上异种资源类型的增多，开发、管理和维护的复杂程度将会加大，而且采用这种结构建设 WebGIS 时，缺乏关键事务处理的安全性与并发处理能力。因此，基于浏览器/服务器的三层或多层结构模式迅速得到发展。四层已成为当前网络地理信息系统的主要应用结构模式。基于四层客户机/服务器模式的 WebGIS 服务模型功能软件平台在逻辑上可以简单地分为用户浏览器、Web 服务器、GIS 功能中间件（应用）和 GIS 数据存储服务器四部分。

2. 客户机/服务器

两层体系结构把网络 GIS 分成客户机和服务器（Client/Server，C/S）两个部分。它们之间通过网络在一定的协议支持下实现信息的交互，形成客户/服务器计算模式，共同协调处理一个应用问题。客户机和服务器并非专指两台计算机，而是根据它们所承担的工作来加以区分的，相互独立、相互依存、相互需要。客户机通常是承载最终用户使用的应用软件系统的单台或多台设备，而服务器的功能则由一组协作的过程或数据库及其管理系统所构成，为客户机提供服务，其硬件组成往往是一些性能较高的服务器或工作站。

3. 网络 GIS 中的多服务器架构

基于服务器的 GIS 技术目前正快速发展，日趋成熟。GIS 软件可以被集中地管理在应用服务器和网络服务器上通过网络向任意数量的用户提供各种 GIS 功能。多服务器是指物理上相互独立，而逻辑上单一的一组网络计算机集群系统，以统一的系统模式加以调度和管理，为客户工作站提供高可靠性的服务。当一台服务器发生故障时，驻留其上的应用和数据将被另一节点服务器自动接管，客户能很快连接到新的服务器上。系统资源的切换完全是自动的，而且对用户来讲是透明的。

负载调控器为多服务器系统提供了负载与系统信息的监控、负载初始化分配、动态资源调度与任务迁移等功能。负载调控器负责监控各后台服务器的当前负载，和三层架构中的 Web 应用服务器不能运行在同一服务器上；接收用户的请求，维护请求等待队列，将用户请求传送到合适的服务器等待响应；根据一定的算法，通过对服务器之间的负载调度，实现多服务器之间的负载平衡。

在多服务器系统中，为实现系统的容错管理，需要若干台完全相同的服务器进行备份，任何一个服务请求同时发送到所有的服务器进行处理，客户端只接收第一个到达的结果数据。任何一台服务器发生故障时，其他的服务器都可以接管该服务器的功能。

Web GIS 是指在 Internet 和 Intranet 的信息发布、数据共享、交流协作基础之上实现 GIS 的在线查询和业务处理等功能。分布式交互操作是 Web GIS 的重点。由于速率、安全性及面向业务处理等关键要素，与传统的 GIS 相比，Web GIS 具有以下特点：①适应性强。Web GIS 是基于互联网的，因而是全球或区域性的，能在不同的平台运行。②应用面广。网络功能将使 Web GIS 应用到整个社会，真正实现 GIS 的无所不能、无处不在。③现势性强。地理信息的实时更新在网上进行，人们能得到最新信息和最新动态。④维护社会化。数据的采集、输入，空间信息的分析与发布将是在社会协调下运作，可采用社会化方式对其维护以减少重复劳动。⑤使用简单。用户可以直接从网上获取所需要的各种地理信息，方便地进行信息分析，而不用关心空间数据库的维护和管理。

（三）移动 GIS

移动 GIS 是以空间数据库为数据支持，地理应用服务器为核心应用，无线网络为通信桥梁，移动终端为采集工具和应用工具的综合系统。移动 GIS 的客户端设备是一种便携式、低功能、适合地理应用，并且可以用来快速、精确定位和地理识别的设备。硬件主要包括掌上电脑（PDA）、便携式计算机、WAP 手机、GPS 定位仪器等。软件主要是嵌入式的 GIS 应用软件。用户通过该终端向远程的地理信息服务器发送服务请求，然后接收服务器传送的计算结果并显示出来。移动 GIS 的应用是基于移动终端设备的。便携、低耗、计算能力强的移动终端正日益成为移动 GIS 用户的首选。

移动 GIS 是 GIS 与嵌入式设备集成的产物，是 GIS 的一个新兴应用领域。典型的移动 GIS 由嵌入式硬件、嵌入式操作系统和嵌入式 GIS 软件组成。根据嵌入式 GIS 建立过程的不同、数据获取方式的不同及信息服务方式的不同，在大的方向上可以分为两种结构体系：离线体系和在线体系。

1. 离线体系

移动 GIS 建立的目的是随时随地提供地理信息服务。其所依附的载体就是嵌入式设备。离线体系的嵌入式 GIS 是将 GIS 数据存放到具有处理和存储能力的掌上电脑上。通过掌上电脑对 GIS 数据进行管理、分析、显示，最终提供地理信息服务，所有的 GIS 功能都是由掌上电脑独立完成的。因为数据存储在掌上电脑上，所以其对用户的操作都能以较快的速度响应，对用户提供地理信息服务时，可以以信息卡的形式直接插入使用。

2. 在线体系

移动 GIS 的在线体系，其建立过程与服务方式都与离线体系不同。嵌入按其服务方式的不同，又可分为两种模式："有线下载、无线服务"模式和"无线网络"模式。"有线下载、无线服务"模式，即 PDA 通过有线方式与地图服务器互联，并下载存储在地图服务器上的 GIS 数据到 PDA 上，通过 PDA 上的空间信息服务系统根据下载的 GIS 数据提供空间信息服务。同时，PDA 也可集成 GPS 功能，实时接收 GPS 信息，并提供 GPS 导航功能。这种模式主要是利用了 PDA 上数据访问的快速性，避免了当前直接无线访问地图服务器模式速度、实时性等方面的限制。当 PDA 移动到另一地区块时，PDA 再在线下载该地区块的 GIS 数据。这样保持了当前 PDA 上数据量大小的适宜性，以及提供空间信息及导航的实时性。

"无线网络"模式，即 PDA 通过无线接入和互联技术，实现 PDA 的无线互联，通过对互联网上的地图服务器进行无线访问，地图服务器将 PDA 的访问结果通过无线的方式（GPRS、CDMA、3G、4G）返回给 PDA。这样 PDA 就能实时地获得互联网上地图服务器上最新的空间信息，并能实时地将 PDA 当前的位置发送给地图服务器，这样可对当前的 PDA 用户进行基于位置的服务。当前这种完全的无线网络模式已伴随着 4G 网络的大规模发展处于蓬勃发展的阶段，是 GIS 应用于大众的最佳方式。这种无线网络模式也能真正使人们随时随地获得与位置相关的空间信息。只有这种模式才能提供有用的导航信息，因为基于 PDA 个体的空间信息服务不能与其他个体发生联系，而现实中的个体又往往是互相联系着的。如要查找当前最短时间的路线，那么这可能与当前各个路线中的车辆个数及拥挤程度有关。而 PDA 个体本身无法获得这种信息，只有通过互联网上提供的相关的空间信息服务器才能获得。换句话说，这种方式将复杂的计算交给后台计算机，从而使提供更为复杂的功能成为现实，而不再受制于嵌入式设备硬件。

移动 GIS 中的地理应用服务器是整个系统的关键部分，也是系统的 GIS 引擎。它位于固定场所，为移动 GIS 用户提供大范围的地理服务及潜在的空间分析和查询操作服务。该应用服务器应具备的功能有：数据的整理和存储功能、地理信息空间查询和分析功能、图形和属性查询功能，具有强计算能力和处理超大量访问请求的能力；有数据更新功能，及时向移动环境中的客户提供动态数据；可连接空间数据库，对海量数据进行存储和管理。

第四章
地理信息系统空间数据的获取

GIS 中数据源种类繁多，表达方法各不相同，往往存在很多问题。通过空间数据处理可实现数据的规范化。本章主要从空间数据的采集、属性数据的采集、空间数据转换与质量分析三个方面进行叙述。

第一节　空间数据的采集

地理信息系统的数据源是多种多样的，并随系统功能的不同而不同。了解空间数据源是进行各种地理信息系统工作的基础。地理信息系统的操作对象是空间地理实体，建立一个地理信息系统的首要任务是建立空间数据库，即将反映地理实体特性的地理数据存储在计算机中，这需要解决地理数据具体以什么形式在计算机中存储和处理，即空间数据结构问题。

一、地理空间及其表达

（一）地理空间参考

GIS 的实质是处理各种与地理空间信息有关的问题，既然与地理空间信息有关，则其必须要有统一的参照系，因此每个 GIS 自身的数据必须是在统一的地理参照系下的数据，也就是说 GIS 要有统一的坐标系和高程系。

1. 地球的形状

地球近似椭球体，其表面高低不平，极其复杂。为了便于处理各种地理空间信息，假想将静止的平均海水面延伸到大陆内部，可以形成一个连续不断的、与地球比较接近的形体。把该形体视为地球的形体，其表面就称为大地水准面。

但是，由于地球内部物质分布不均匀和地面高低起伏不平，使各处的重力方向发生局部变异，处处与重力方向垂直的大地水准面显然不可能是一个十分规则的表面，且不能用简单的数学公式来表达，因此，大地水准面不能作为测量成果的计算面。为了测量成果的需要，选用一个同大地体相近的、可以用数学方法来表达的旋转的椭球来代替地球，且这个旋转椭球是由一个椭圆绕其短轴线旋转而成的。

凡是与局部地区（一个或几个国家）的大地水准面符合得最好的旋转椭球，称为参考椭球。参考椭球面是测量、计算的基准面。我国在中华人民共和国成立之前采用海福特椭球参数，中华人民共和国成立之初采用克拉索夫斯基椭球参数。后来采用的是 1975 年国际大地测量学与物理学联合会（IUGG）推荐的椭球，我国称之为"1980 年国家大地坐标系"。坐标原点在陕西省咸阳市泾阳县永乐镇。2008 年 7 月 1 日我国启动了"2000 国家大地坐标系"，计划用 8~10 年完成 1980 年国家大地坐标系到 2000 国家大地坐标系的过渡与转换工作，已于 2018 年 7 月 1 日全面启用。

2. 坐标系

坐标系是确定地面点或空间目标位置采用的参考系，与测量相关的主要有平面坐标系和地理坐标系。

（1）平面坐标系。椭球面上的点通过投影的方法投影到平面上时，通常使用平面坐标系。平面坐标系分为平面极坐标系和平面直角坐标系。平面极坐标系采用极坐标法。即用某点至极点的距离和方向来表示该点的位置的方法，来表示地面点的坐标。主要用于地图投影理论的研究。平面直角坐标系采用直角坐标（笛卡尔坐标）来确定地面点的平面位置，可以通过投影将地理坐标转换成平面坐标。

（2）地理坐标系。即地理坐标系用经纬度来表示地面点的位置。地面上任意一点 M 的位置可用经度 λ 和纬度 φ 来决定，记为 M（λ，φ）某点的经度是指过某点的子午面与起始子午面（通过英国格林尼治天文台子午面）所夹的二面角，也叫地理经度。国际规定通过英国格林尼治天文台的子午线为本初子午线（或称首子午线），作为计算精度的起点，该线的经度为 0°，向东 0°~180°叫东经，向西 0°~180°叫西经。某点的纬度是指在椭球面上某点的法线与赤道面的交角，也叫地理纬度。纬度从赤道起算，在赤道上纬度为 0°，纬线离赤道越远，纬度越大，至极点纬度为 90°。赤道以北叫北纬，以南叫南纬。

3. 高程系

高程是指由高程基准面起算的地面点的高度。高程基准面是根据多年观测的平均海水面来确定的。也就是说，高程（也称海拔高程、绝对高程）是指地面点至平均海水面的垂直高度。

地面点之间的高程差，称为相对高程，简称高差。由于不同地点的验潮站所得的平均海水面之间存在差异，所以，选用不同的基准面就有不同的高程系统。

一个国家一般只能采用一个平均海水面作为统一的高程基准面。我国的高程基准原来采用"1956 年黄海高程系"[①]，由于黄海平均海水面发生了微小的变化，因此启用了新的高程系，即"1985 国家高程基准"。

（二）空间数据类型及其表达

1. 空间数据类型

地理信息中的数据来源和数据类很多，概括起来主要有以下五种。

（1）几何图形数据。来源于各种类型的地图和实测几何数据。几何图形数据不仅反映空间实体的地理位置，还反映了实体间的空间关系。

（2）属性数据。主要来源于实测数据、文字报告或地图中的各类符号说明，以及从遥感影像数据通过解释得到的信息等。

（3）影像数据。主要来源于卫星遥感、航空遥感和摄影测量等。

（4）地形数据。来源于地形等高线图中的数字化，已建立的格网状数字化高程模型（DTM），或其他形式表示的地形表面（如 TIN）等。

（5）元数据。对空间数据进行推理、分析和总结得到的有关数据，如数据来源、数据权属、数据产生的时间、数据经度、数据分辨率、元数据比例尺、地理空间参考基准、数据转换方法等。

2. 空间数据的表示

不同类型的数据都可抽象表示为点、线、面三种基本的图形要素。

（1）点（point），既可以是一个标识空间点状实体，如水塔等，也可以是节点（node），即线的起点、终点或交点，或是标记点，仅用于特征的标注和说明，或作为面域的内点用于标明该面域的属性。

（2）线（line），具有相同属性点的轨迹，线的起点和终点表明了线的方向。道路、河流、地形线、区域边界等均属于线状地物，可抽象为线。线上各点具有相同的公共属性并至少存在一个属性。当线连接两个节点时，也称作弧段（arc）或链（link）。

（3）面（are），是线包围的有界连续的具有相同属性值的面域，或称为多边形（poly-gon）。多边形可以嵌套，被多边形包含的多边形称为岛。

---

①1956 年黄海高程系是根据青岛验潮站 1950—1956 年验潮资料确定的黄海平均海水面作为高程起算面，测定位于青岛市观象山的中华人民共和国水准原点作为其原点而建立的国家高程系统。其水准原点的高程为 72.289 米。

空间的点、线、面可以按一定的地理意义组成区域（region），有时称为一个覆盖（coverage），或数据平面（dataplane）。各种专题图在 GIS 中都可以表示为一个数据平面。

二、空间数据结构

空间数据结构是指适合于计算机系统存储、管理和处理的地学图形逻辑结构，是地理实体的空间排列方式和相互关系的抽象描述。空间数据结构是地理信息系统沟通信息的桥梁，只有充分理解地理信息系统所采用的特定的数据结构，才能正确使用系统。

空间数据结构基本上可分为两大类：矢量数据结构和栅格数据结构（也可称为矢量数据模型和栅格数据模型）。其中矢量数据结构包括实体数据结构和拓扑数据结构。

（一）实体数据结构

实体数据结构是指构成多边形边界的各个线段，以多边形为单元进行组织。按照这种数据结构，边界坐标数据和多边形单元实体一一对应，各个多边形边界点都单独编码并记录坐标。

（二）拓扑数据结构

1. 索引式数据结构

索引式数据结构采用树状索引以减少数据冗余并间接增加邻域信息，具体方法是对所有边界点进行数字化，将边界点坐标以顺序方式存储，由点索引与边界线号联系，以线索引与各多边形联系，形成树状索引结构。

组织这个图需要三个表文件：

第一个文件记录多边形和边界弧段的关系。

第二个文件记录边界弧段由哪些点组成。

第三个文件记录每个顶点的坐标。

树状索引结构消除了相邻多边形边界的数据冗余和不一致的问题，在简化过于复杂的边界线或合并多边形时可不必改造索引表，邻域信息和岛状信息可以通过对多边形文件的线索引处理得到，但是比较烦琐，因而给相邻函数运算、消除无用边、处理岛状信息以及检查拓扑关系等带来的一定困难，而且两个编码表都要以人工方式建立，工作量大且容易出错。

这种数据结构最早是由美国人口统计系统采用的一种编码方式，简称 DIME 编码系统，它是以城市街道为主体，其特点是采用了拓扑编码结构，这种结构最适合于城市信息系统。

双重独立式编码结构是对图上网状或面状要素的任何一条线段，用顺序的两点定义以及相邻多边形来予以定义。

除线段拓扑关系之外，双重独立编码结构还需要点文件和面文件，DIME 编码结构尤其适用于城市地籍宗地的管理，在宗地管理中，界址点对应于点，界址边对应于线段，面对应于多边形，各种要素都有唯一的标识符。

2. 栅格数据结构

空间数据的栅格表达是以规则栅格阵列表示空间对象，这种数据结构称为栅格数据结构。阵列中每个栅格单元上的数值表示空间对象的属性特征，即栅格阵列中每个单元的行列号确定位置，属性值表示空间对象的类型、等级等特征。每个栅格单元只能存在一个值。

栅格数据结构表示的地标是不连续的，是量化和近似离散的数据。在栅格数据结构中，地理空间被分成相互邻接、规则排列的栅格单元，一个栅格单元对应于小块地理范围。

在栅格数据结构中，点用一个栅格单元表示；线状地物则用沿线走向的一组相邻栅格单元表示，每个栅格单元最多只有两个相邻单元在线上；面或区域用记有区域属性的相邻栅格单元的集合表示，每个栅格单元可有多于两个相邻单元同属一个区域。

3. 链状双重独立编码数据结构

链状双重独立编码数据结构是 DIME 数据结构的一种改进。在 DIME 中，一条边只能用直线两端点的序号及相邻的多边形来表示，而在链状数据结构中，将若干个直线段合为一个弧段（或链段），每个弧段可以有许多中间点。

在链状双重独立编码数据结构中，主要有四个文件：多边形文件、弧段文件、弧点文件和点坐标文件。

多边形文件主要由多边形记录组成，包括多边形号、组成多边形的弧段号以及周长、面积中心点坐标及有关"洞"的信息等。多边形文件也可以通过软件自动检索各有关弧段生成，并同时计算出多边形的周长和面积以及中心点的坐标，多边形中含有的"洞"的面积为负，并在总面积中减去，其组成的弧段号前也冠以负号。

弧段文件主要由弧记录组成，存储弧段的起止节点号和弧段左右多边形号；弧点文件由一系列点的位置坐标组成，一般从数字化过程获取，数字化的顺序确定了这条链段的方向。

点坐标文件由节点记录组成，存储每个节点的节点号、节点坐标及与该节点连接的弧段。点坐标文件一般通过软件自动生成，因为在数字化过程中，由于数字化操作的误差，各弧段在同一节点处的坐标不可能完全一致，需要进行匹配处理。当其偏差在允许范围内时，可取同名节点的坐标平均值。如偏差过大，则弧段需要重新数字化。

三、空间数据源种类

数据源是指建立地理信息系统数据库所需要的各种类型数据的来源，主要包括以下四种。

1. 地图

各种类型的地图是 GIS 主要的数据源，因为地图是地理数据的传统描述形式，包含着丰富的内容，不仅含有实体的类别或属性，而且实体的类别或属性可以用各种不同的符号加以识别和表示。我国大多数的 GIS，其图形数据大部分来自地图，主要包括普通地图、地形图和专题图。但由于地图以下的特点应用时需加以注意。

第一，地图存储介质的缺陷。地图多为纸质，由于存放条件的不同，都存在不同程度的变形，在具体应用时，需对其进行操作。

第二，地图现势性较差。由于传统地图更新需要的周期较长，造成现存地图现势性不能完全满足实际的需要。

第三，地图投影的转换。由于地图投影的存在，使不同地图投影的地图数据在进行交流前，需先进行地图投影的转换。

2. 社会经济数据和各种文本资料

社会经济数据是 GIS 的数据源，尤其是 GIS 属性数据的重要来源。

文本资料是指各种行业、各部门的有关法律文档、行业规范、技术标准、条文条例等，如边界条约。各种文字报告和立法文件在一些管理类的 GIS 中有很大的应用，如在城市规划管理信息系统中，各种城市管理法规及规划报告在规划管理工作中起着很大作用。

3. 遥感影像数据

遥感影像数据是一种大面积的、动态的、近实时的数据源，是 GIS 的重要数据源。遥感影像数据含有丰富的资源与环境信息。在 GIS 的支持下，可以与地质、地球物理、地球化学、地球生物、军事应用等方面的信息进行复合和综合分析。

4. 实测数据和数字数据

各种实测数据，特别是一些 GPS 数据、大比例尺地形图测量数据、实验观测数据等常常是 GIS 的一个准确和很现实的资料。随着各种 GIS 系统的建立，直接获取数字图形数据和属性数据的可能性越来越大，数字数据成为 GIS 信息源不可缺少的一部分。

第二节 属性数据的采集

一、属性数据的分类

属性数据根据其性质可分为定性属性、定量属性和时间属性。

定性属性是描述实体性质的属性，如建筑物结构、植被种类、道路等级等属性。

定量属性是量化实体某一方面量的属性，如质量、重量、年龄、道路宽度等属性。

时间属性是描述实体时态性质的属性。

二、属性数据的编码

对于要直接记录到栅格或矢量数据文件中的属性数据，则必须先对其进行编码，将各种属性数据变为计算机可以接受的数字或字符形式，便于 GIS 存储管理。下面主要从属性数据的编码原则、编码内容和编码方法方面进行说明。

（一）编码原则

属性数据编码一般要基于以下四个原则。

1. 编码的系统性和科学性

编码系统在逻辑上必须满足所涉及学科的科学分类方法，以体现该类属性本身的自然系统性。另外，还要能反映出同一类型中不同的级别特点。一个编码系统能有效运作，其核心问题就在于此。

2. 编码的一致性和简洁性

一致性是指对象的专业名词、术语的定义等必须严格，保证一致，对代码所定义的同一专业名词、术语必须是唯一的。在满足国家标准的前提下每一种编码应该是以最小的数据量载负最大的信息量，这样，既便于计算机存储和处理，又具有相当的可读性。

3. 编码的标准化和通用性

为满足未来有效地进行信息传输和交流，所制定的编码系统必须在有可能的条件下实现标准化。

4. 编码的可扩展性

虽然代码的码位一般要求紧凑经济、减少冗余代码，但应考虑到实际使用时往往会出现新的类型需要加入编码系统中，因此编码的设置应留有扩展的余地，避免新对象的出现使原编码系统失效，造成编码错乱。

（二）编码内容

属性编码一般包括以下三个方面的内容。

1. 登记部分

登记部分用来标识属性数据的序号，可以是简单的连续编号，也可划分不同层次进行顺序编码。

2. 分类部分

分类部分用来标识属性的地理特征，可以采用多位代码反映多种特征。

3. 控制部分

用来通过一定的查错算法，检查在编码、录入和传输中的错误，在属性数据量较大的情况下具有重要意义。

（三）编码方法

编码的一般步骤是：

首先，列出全部制图对象清单。

其次，制定对象分类、分级原则和指标将制图对象进行分类、分级。

再次，拟定分类代码系统。

从次，设定代码及其格式。设定代码使用的字符和数字、码位长度、码位分配等。

最后，建立代码和编码对象的对照表。这是编码最终成果档案，是数据输入计算机进行编码的依据。

属性的科学分类体系无疑是 GIS 中属性编码的基础。目前，较为常用的编码方法有层次分类编码法与多源分类编码法两种基本类型。

1. 层次分类编码法

层次分类编码法是将初始的分类对象按所选定的若干个属性或特征一次分成若干层目录，并编制成一个有层次、逐级展开的分类体系。其中，同层次类目之间存在并列关系，不同层次类目之间存在隶属关系，同层次类目互不交叉、互不重复。

层次分类编码法的优点是层次清晰，使用方便；缺点是分类体系确定后，不易改动，当分类层次较多时，代码位数较长。考虑到人对图形符号等级的感受，分级数不宜超过 8 级。

编码的基础是分类分级，而编码的结果是代码。代码的功能体现在三个方面：代码表示对象的名称，是对象唯一的标志；代码也可作为区分分类对象类别的标志；代码还可以作为区别对象排序的标志。

2. 多源分类编码法

多源分类编码法又称独立分类编码法，是指对一个特定的分类目标，根据诸多不同的分类依据分别进行编码，各位数字代码之间并没有隶属关系。

在实际工作中，也往往将以上两种编码方法结合使用，以达到更理想的效果。

第三节　空间数据转换与质量分析

一、空间数据格式转换

地理信息系统经过 30 多年的发展，应用已经相当广泛，积累了大量数据资源。由于使用了不同的 GIS 软件，数据存储的格式和结构有很大的差异，为多源数据综合利用和数据共享带来不便。在这一任务当中我们将解决空间数据格式之间变换的问题，为实现数据共享利用提供方便。

（一）空间数据交换模式

1. 基于外部文本文件的数据转换共享模式

由于商业秘密或安全等原因，用户难以读懂 GIS 软件本身的内部数据格式文件，为促进软件的推广应用，部分 GIS 软件向用户提供了外部文本文件。通过该文本文件，不同的 GIS 软件也可实现数据的转换，根据 GIS 软件本身的功能不同，数据转换的次数也有差别。

2. 基于通用数据交换格式的数据转换共享模式

在地理信息系统发展初期，地理信息系统的数据格式被当作一种商业秘密，因此对地理信息系统数据的交换使用几乎是不可能的。为了解决这一问题，通用数据交换格式的概念被提了出来。

3. 基于直接数据访问的共享模式

直接数据访问是指在一个 GIS 软件中实现对其他软件数据格式的直接访问。对一些典型的 GIS 软件，尤其是国外 GIS 软件，用户可以在一个 GIS 软件中存取多种其他格式的数据，如 Intergraph 公司的 Geomedia 软件可存取其他各种软件的数据，直接访问可避免烦琐的数据转换，为信息共享提供了一种经济实用的模式。

这种模式的信息共享要求建立在对宿主软件的数据格式充分了解的基础上，如果宿主软件的数据格式发生变化，数据转换的功能则需要升级或改善。一般这种数据转换功能要通过 GIS 软件开发商相互合作实现。

4. 基于通用转换器的数据转换共享模式

由加拿大 Safesoftware 公司推出的 FME 可实现不同数据格式之间的转换。该方法是基于 OpenGIS 组织提出的新的数据转换理念"语义转换"，通过在转换过程中重构数据的功能，实现了不同空间数据格式之间的相互转换。由于 FME 在数据转换领域的通用性，它正在逐渐成为业界在各种应用程序之间共享地理空间数据的事实标准。

作为 FME 的旗舰产品，FME universal translator 是一个独立运行的强大的 GIS 数据转换平台，是完整的空间 ETL 解决方案。该方案基于 OpenGIS 组织提出的新的数据转换理念"语义转换"，通过提供在转换过程中重构数据的功能，实现了超过 250 种不同空间数据格式（模型）之间的转换，为进行快速、高质量、多需求的数据转换应用提供了高效、可靠的手段。

FME universal translator 还能实现 100 多种数据格式，如 dwg、dxf、dgn、Arc/InfoCoverage、ShapeFile、ArcSDE、OracleSDO 等的相互转换。从技术层面上说，FME 不再将数据转换问题看作从一种格式到另一种格式的变换，而是完全致力于将 GIS 要素同化并向用户提供组件，以使用户能将数据处理为所需的表达方式。

5. 基于国家空间数据转换标准的数据转换共享模式

为了更方便地进行空间数据交换，也为了尽量减少空间数据交换损失的信息，使之更加科学化和标准化，许多国家和国际组织制定了空间数据交换标准，如美国的 STDS，我国的 CNSDTF。

有了空间数据交换的标准格式后，每个系统都提供读写这一标准格式空间数据的程序，从而避免大量的编程工作，但目前国内 GIS 软件较少具备国家空间数据交换格式读写功能。

(二) 数据转换内容

1. 图形数据

图形数据格式转换要求：

(1) 图形数据没有丢失坐标，形状不发生变化。

(2) 数据分层有一一对应的转换关系。

（3）拓扑结构不发生变化。

2. 属性数据

空间数据转换为其他平台数据时图形数据对应的属性数据无错漏。

（三）空间数据转换途径

基于以上数据转换模式，几乎所有的 GIS 软件都提供了面向其他平台的双向转换工具，如 Arcinfo 提供了 AutoCAD、Mapinfo 等格式的双向转换工具，Mapinfo 也提供了对 Arcinfo 和 dwg/dxf 格式数据的双向转换工具，国产软件如 MapGIS、SuperMap 等软件也提供了和大多数其他格式数据交换的转换工具。

随着各行各业数字化进程的不断推进，各类 GIS 软件在不同领域的应用日益广泛，GIS 软件数据格式转换问题也越来越突出，目前各类 GIS 软件都自带了与当前主流 GIS 软件的数据格式转换功能。通过对以上空间数据格式转换知识的学习，在 MapGIS 平台上完成 dxf/dwg 格式数据到其他格式数据之间的转换。

AutoCAD 格式的图件转入 MapGIS 平台要注意以下几点。

第一，每一张图纸必须作为一个单独的文件，不能有其他不相关的内容。

第二，AutoCAD 图件中的图层划分要清晰，不同性质的要素放在不同的图层中。图层划分的原则可以参照建库要求中对图层划分的规定。如果在 AutoCAD 中的分层能满足建库要求转入 MapGIS，则不需要再分层。

第三，AutoCAD 图件转入 MapGIS 前，要将所有的充填内容炸开分解，不能炸开分解的全部删除，在点和线转入 MapGIS 后，再建区充色。

第四，AutoCAD 图件转出时，存储为 dxf 文件，dxf 是用于与 MapGIS 进行数据交换的 AutoCAD 格式文件。

二、空间数据质量分析

我们在获取地理空间数据时，必须考虑空间数据的质量。数据质量是指数据适用于不同应用的能力，只有了解数据质量之后才能判断数据对某种应用的适宜性。

（一）空间数据质量的概念

空间数据质量是指地理数据正确反映现实世界空间对象的精度、一致性、完整性、现势性及适应性的能力。

空间数据质量可从以下八个方面来考察。

1. 准确度（accuracy）

即测量值与真值之间的接近程度，可用误差（error）来衡量。如两地间的距离为100km，从地图上量测的距离为98km，那么地图距离的误差为2km；若利用GNSS量测并计算两点间的距离为99.9km，则误差是0.1km，因而利用GNSS比地图量测距离更准确。

2. 精度（precision）

即对现象描述的详细程度。如对同样两点，用GNSS测量可得9.903km，而用工程制图尺在1:100000地形图上量算仅可得到小数点后两位，即9.85km，9.85km比9.903km精度低，但精度低的数据并不一定准确度也低。如在计算机中用32bit实型数来存储0~255范围内的整数，并不能因为这类数后面带着许多小数位而说这类数比仅用8bit的无符号整型数存储的数更准确，它们的准确度实际上是一样的。

若要测地壳移动，用精度仅在2~5m的GNSS接收机测量当然是不可能的，需要用精度在0.001m量级供大地测量用的GNSS接收机。

3. 相容性（compatibility）

指两个来源的数据在同一个应用中使用的难易程度。例如，两个相邻地区的土地利用图，当要将它们拼接到一起时，两图边缘处不仅边界线可良好地衔接，而且类型也一致，称两图相容性好，反之，若图上的土地利用边界无法接边，或者两个城市的统计指标不一致造成了所得数据无法比较，则称为相容性差或不相容。这种不相容可以通过统一分类和统一标准来减轻。

另一类不相容性可从使用不同比例尺的地图数据看到，一般土壤图比例尺小于1:100000，而植被图则在1:150000至1:15000之间，当使用这两种数据进行生态分类时，可能出现两种情况：①当某一土壤的图斑大小使它代表的土壤类型在生态分类时可以被忽略；②当土壤界线与某植被图斑相交时，它实际应该与植被图斑的部分边界一致，这种状况使得本该属于同一生态类型的植被图被划分为两类，造成这种状况的原因可能是土壤图制图时边界不准确，或由于制图综合所致。显然，比例尺的不同会造成数据的不相容。

4. 不确定性（uncertainty）

指某现象不能精确测得，当真值不可测或无法知道时，我们就无法确定误差，因而用不确定性取代误差。统计上，用多次测量值的平均来计算真值，而用标准差来反映可能的误差大小。因此可以用标准差来表示测量值的不确定性。然而欲知标准差，就需要对同一现象做多次测量。

例如，由于潮汐的作用，海岸线是某一瞬间海水与陆地的交界，是一个大家熟知的不能准确测量的值；又如高密度住宅或常绿阔叶林，当地图或数据库中出现这类多边形时，我们无法知道住宅密度究竟多高，该处常绿阔叶林中到底有哪几种树种，而只知道一个范围，因而这类数据是不确定的。一般而言，从大比例尺地图上获得的数据，其不确定性比小比例尺地图上的小，从高空间分辨率遥感图像上得到的数据的不确定性比低分辨率数据的小。

5. 完整性（completeness）

指具有同一准确度和精度的数据在特定空间范围内完整的程度。一般来说，空间范围越大，数据完整性可能越差。数据不完整的例子很多，例如，计算机从 GNSS 接收机传输位置数据时，由于软件受干扰的缘故，只记录下经度而丢失了纬度，造成数据不完整；GNSS 接收机无法收到 4 颗或更多的卫星信号而无法计算高程数据；某个应用项目需要 1：50000 的基础底图，但现有的地图数据只覆盖项目区的一部分。

6. 一致性（consistency）

指对同一现象或同类现象的表达的一致程度。例如，同一条河流在地形图和在土壤图上的形状不同，或同一行政边界在人口图和土地利用图上不能重合，这些均表示数据的一致性差。

逻辑的一致性指描述特征之间的逻辑关系表达的可靠性。这种逻辑关系可能是特征的连续性、层次性或其他逻辑结构。

例如，水系或道路是不应该穿越一个房屋的，岛屿和海岸线应该是闭合的多边形，等高线不应该交叉等。有些数据的获取，由于人力所限，是分区完成的，在时间上就会出现不一致。

7. 可得性（accessibility）

指获取或使用数据的容易程度。保密的数据按其保密等级限制使用者的多少，有些单位或个人无权使用；公开的数据则按价钱决定可得性，太贵的数据可能导致用户另行搜集，造成浪费。

8. 现势性（timeliness）

指数据反映客观现象目前状况的程度。不同现象的变化频率是不同的，如地形、地质状况的变化一般来说比人类建设要缓慢。但地形可能由于山崩、雪崩、滑坡、泥石流、人工挖掘及填海等原因而在局部区域改变，由于地图制作周期较长，局部的快速变化往往不能及时地反映在地形图上，对那些变化较快的地区，地形图就失去了现势性。城市地区土地覆盖变化较快，这类地区土地覆盖图的现势性就比发展较慢的农村地区差些。

数据质量的好坏与上述种种数据的特征有关，这些特征代表着数据的不同方面。它们之间有联系，如数据现势性差，那么用于反映现在的客观现象就可能不准确；数据可得性差，就会影响数据的完整性；数据精度差，则数据的不确定性就高；等等。

（二）空间数据误差来源及其类型

1. 数据误差或不确定性的来源

数据的误差大小，即数据的不准确程度是一个累积的量。数据从最初采集，经加工最后到存档及使用，每一步都可能引入误差。如果在每步数据的处理过程中都能做质量检查和控制，则可了解不同处理阶段数据误差的特点及其改正方法。误差分为系统误差和随机误差（偶然误差）两种，系统误差一经发现易于纠正，而随机误差则一般只能逐一纠正，或采取不同处理手段以避免随机误差的产生。

2. 数据的误差类型

地形图的误差分为五类：

（1）地形图的位置误差；

（2）地形图的属性误差；

（3）时间误差；

（4）逻辑不一致性误差；

（5）不完整性误差。

数据转换和处理的误差分为三类：

（1）数字化误差；

（2）格式转换误差；

（3）不同 GIS 之间数据转换误差。

利用 GIS 的数据进行各种应用分析时的误差分为两类：

（1）数据层叠加时的冗余多边形；

（2）数据应用时由应用模型引进的误差。

这些误差分类对了解误差分布特点、误差源和处理方法，以及误差产生的特点有很多好处。归纳起来，数据的误差主要有四大类，即几何误差、属性误差、时间误差和逻辑误差。数据不完整性可以通过上述四类误差反映出来。事实上检查逻辑误差，有助于发现不完整的数据和其他三类误差。对数据进行质量控制或质量保证或质量评价，一般先从数据逻辑性检查入手。

3. 属性误差及其描述

（1）属性误差

属性数据可以分为命名、次序、间隔和比值四种测度。

间隔和比值测度的属性数据误差可以用点误差的分析方法进行分析评价，这里主要讨论命名和次序这类属性。多数专题数据制图之后都用命名或次序数据表现。

例如，土地覆盖图、土地利用图、土壤图、植被图等的内容主要为命名数据，而反映坡度、土壤侵蚀度或森林树木高度的数据多是次序数据。如将土壤侵蚀度划分为四级，用1代表轻度侵蚀，而用4代表最重的侵蚀。考察空间任意点处定性属性数据与其真实的状态是否一致，只有两种答案，即对或错。因此我们可以用遥感分类中常用的准确度评价方法来评价定性数据的属性误差。

定性属性数据的准确度评价方法比较复杂。它受属性变量的离散值（如类型的个数），每个属性值在空间上的分布和每个同属性地块的形态和大小，检测样点的分布和选取，以及不同属性值在特征上的相似程度等多种因素的影响。

（2）属性数据的不确定性

下面以土地利用类型为例简单介绍属性数据的不确定性。假设某地共有城市、植被、裸地和水面四类。

土地利用图一般根据航空相片解译或对卫星遥感数据进行计算机分类得到，一个图像像元有多种土地利用类型。航空相片解译的结果是一个个的多边形，某个多边形往往是合并了许多不同的土地覆盖类型的结果，所以也常常包含其他土地利用成分。例如，城市中有水面，但如果水面面积较小，它就被合并到城市土地利用的其他类型中。

对其他类型来说，也有同样的情况。很少有整片完全裸露的土地，裸地上也多多少少有植被覆盖，当植被覆盖在10%以下时，整块地都会被分为裸地。

可见，我们最终得到的土地利用图是不确定的。我们难以确定某个土地利用类型中其他土地利用类型到底含有多大的比例，而且这种比例在空间上的分布是变化的，因此，根据这类土地利用类型图所得到的面积统计一般会有偏差。

例如，一块被分类为植被类型的土地如果实际由30%的裸地、10%的水面和60%的植被覆盖所组成，在这种情况下如果记录了植被类型，则有40%的不确定性。如果我们在航空相片解译或遥感图像分类时将其他类型可能占的比例也估算出来，那么就可以大大降低不确定性。

如果在上面的例子中我们得到的各类比例为植被55%、裸地28%、水面15%、城市2%，则植被被低估5%，裸地被低估2%，水面被高估5%，城市被高估2%，这样总的不确定性是四类土地利用类型估计误差的绝对值之和，即 14%。由此可见，若对每块地增加记录内容，即由原来的只记录最主要的一类变为记录所有各类的估计比例，便可大大减少不确定性。当然这样做显然会大大增加存储数据的量。

第五章

地理信息系统空间数据的处理

第一节　空间数据编辑与拓扑关系建立

一、空间数据编辑

（一）图形数据编辑

1. 图形数据编辑中的错误及检查方法

（1）图形数据编辑中的常见错误。空间数据采集的过程中，人为因素是造成图形数据错误的主要原因。如数字化过程中手的抖动，两次录入之间图纸的移动，都会导致位置不准确，并且在数字化过程中难以实现完全精确的定位。常见的数字化错误是线条连接过头和不及两种情况。此外，在数字化后的地图上，经常出现的错误主要如下。

第一，伪节点。当一条线没有一次录入完毕时，就会产生伪节点。伪节点使一条完整的线变成两段。

第二，悬挂节点。当一个节点只与一条线相连接，那么该节点称为悬挂节点。悬挂节点有过头和不及、多边形不封闭、节点不重合等几种情形。

第三，碎屑多边形。碎屑多边形也称条带多边形。因为前后两次录入同一条线的位置不可能完全一致，就会产生碎屑多边形，即由于重复录入而引起。另外，当用不同比例尺的地图进行数据更新时也可能产生。

第四，不正规的多边形。在输入线的过程中，点的次序倒置或者位置不准确会引起不正规的多边形。在进行拓扑生成时，会产生碎屑多边形。

（2）图形数据编辑中错误的检查方法。上述错误一般会在建立拓扑的过程中发现。其他图形数据错误，包括遗漏某些实体、重复录入某些实体、图形定位错误等的检查一般可采用如下方法进行。

第一，叠合比较法，即把成果数据打印在透明材料上，然后与原图叠合在一起，在透光桌上仔细观察和比较。叠合比较法是空间数据数字化正确与否的最佳检核方法，对空间数据的比例尺不准确和空间数据的变形马上就可以观察出来。如果数字化的范围比较大，分块数字化时，除检核一幅（块）图内的差错外，还应检核已存入计算机的其他图幅的接边情况。

第二，目视检查法，指在屏幕上用目视检查的方法，检查一些明显的数字化误差与错误。

第三，逻辑检查法，根据数据拓扑一致性进行检验，如将弧段连成多边形，数字化节点误差的检查等。

2. 图形数据编辑的主要类型

图形数据编辑是纠正数据采集错误的重要手段，图形数据的编辑分为图形参数编辑及图形几何数据编辑，通常用可视化编辑修正。图形参数主要包括线型、线宽、线色、符号尺寸和颜色、面域图案及颜色等。图形几何数据的编辑内容较多，其中包括点的编辑、线的编辑、面的编辑等，编辑命令主要有增加数据、删除数据和修改数据三类，编辑的对象是点元、线元、面元及目标。点的编辑包括点的删除、移动、追加和复制等，主要用来消除伪节点或者将两弧段合并等；线的编辑包括线的删除、移动、复制、追加、剪断等；面的编辑包括面的删除、面形状变化、面的插入等。编辑工作的完成主要利用 GIS 的图形编辑功能来完成。

节点是线目标（或弧段）的端点，节点在 GIS 中地位非常重要，它是建立点、线、面关联拓扑关系的桥梁和纽带。GIS 中编辑相当多的工作是针对节点进行的。针对节点的编辑主要分为以下五种类别。

（1）节点吻合。节点吻合也称节点匹配和节点咬合。例如，三个线目标或多边形的边界弧段中的节点本来应是一点，坐标一致，但是由于数字化的误差，三点坐标不完全一致，造成它们之间不能建立关联关系，为此需要经过人工或自动编辑，将这三点的坐标匹配成一致，或者说三点吻合成一个点。

节点匹配有多种方法：第一种方法是节点移动，分别用鼠标将其中两个节点移动到第三个节点上，使三个节点匹配一致；第二种方法是用鼠标拉一个矩形，落入这种矩形中的节点坐标一致，即求它们的中点坐标，并建立它们之间的关系；第三种方法是通过求交点的方法，求两条线的交点或延长线的交点，即是吻合的节点；第四种方法是自动匹配，给定一个容差，在图形数字化时或图形数字化之后，在容差范围之内的节点自动吻合在一起，如图 5-1 所示①。一般来说，如果节点容差设置合适，大部分节点能互相吻合在一起，但有些情况下还需要使用前三种方法进行人工编辑。

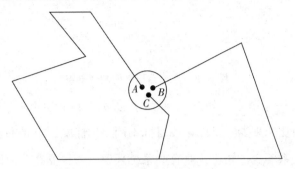

图 5-1 没有吻合在一起的三个节点

（2）节点与线的吻合。在数字化过程中，经常遇到一个节点与一个线状目标的中间相交，这时由于测量误差，它也可能不完全交于线目标上，而需要进行编辑，称为节点与线的吻合，如图 5-2 所示。编辑的方法也有多种：一是节点移动，将节点移动到线目标上；二是使用线段求交，求出 AB 与 CD 的交点；三是使用自动编辑的方法，在给定的容差内，将它们自动求交并吻合在一起。

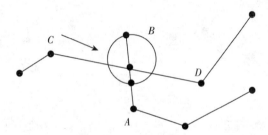

图 5-2 节点与线的吻合

节点与节点的吻合以及节点与线目标的吻合可能有两种情况需要考虑：一种情况是仅要求它们的坐标一致，而不建立关联关系；另一种情况是不仅坐标一致，而且要建立它们之间的空间关联关系。后一种情况下，在图 5-2 中，CD 所在的线目标要分裂成两段，即增加节点，再与节点 B 进行吻合，并建立它们之间的关联关系，但对于前一种情况，线目标 CD 不变，仅 B 点的坐标作一定修改，使它位于直线 CD 上。

（3）清除假节点。仅有两个线目标相关联的节点称为假节点，如图 5-3 所示。有些系统要将这种假节点清除掉（Arc/Info），即将线目标 a 和 b 合并成一条，使它们之间不存在节点，但有些系统不要求清除假节点，因为这些所谓的假节点并不影响空间查询、空间分析和制图。

①本节图片引自林琳，路海洋. 地理信息系统基础及应用 [M]. 徐州：中国矿业大学出版社，2018：57-58.

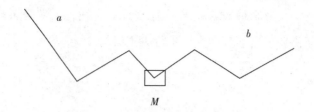

图 5-3　两个目标之间的假节点

（4）删除与增加一个节点。如图 5-4（a）所示，删除顶点 d，此时由于删除顶点 d 后线目标的顶点个数比原来少，所以该线目标不用整体删除，只是在原来存储的位置重新写一次坐标，拓扑关系不变。相反，对有些系统来说，如果要在此之间增加一个顶点，则操作和处理都要复杂得多。在操作上，首先要找到增加顶点对应的线 cd，给一个新顶点位置，如图 5-4（b）所示的 k 点，这时 7 个顶点的线目标 $abcdefg$ 变成由 $abckdefg$ 8 个顶点组成，由于增加了一个顶点，它不能重写于原来的存储位置（指文件管理系统而言），而必须给一个新的目标标识号，重写一个线状目标，将原来的目标删除，此时需要作一系列处理，调整空间拓扑关系。

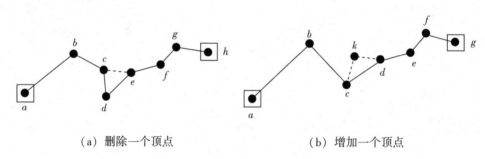

（a）删除一个顶点　　　　　　　　（b）增加一个顶点

图 5-4　删除与增加一个节点

（5）移动一个顶点。移动一个顶点比较简单，因为只改变某个点的坐标，不涉及拓扑关系的维护和调整。如图 5-5 所示中的 b 点移到 p 点，所有关系不变。

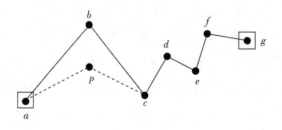

图 5-5　顶点移动

（二）属性数据编辑

属性数据校核包括两部分：①属性数据与空间数据是否正确关联，标识码是否唯一、不含空值。②属性数据是否准确，属性数据的值是否超过其取值范围等。

对属性数据进行校核很难，因为不准确性可能归结于许多因素，如观察错误、数据过时和数据输入错误等。属性数据错误检查可通过以下方法完成。

第一，利用逻辑检查，检查属性数据的值是否超过其取值范围，属性数据之间或属性数据与地理实体之间是否有荒谬的组合。在许多数字化软件中，这种检查通常使用程序来自动完成。例如有些软件可以自动进行多边形节点的自动平差、属性编码的自动查错等。

第二，把属性数据打印出来进行人工校对，这和用校核图来检查空间数据的准确性相似。对属性数据的输入与编辑，一般在属性数据处理模块中进行。但为了建立属性描述数据与几何图形的联系，通常需要在图形编辑系统中设计属性数据的编辑功能，主要是将一个实体的属性数据连接到相应的几何目标上，亦可在数字化及建立图形拓扑关系的同时或之后，对照一个几何目标直接输入属性数据。一个功能强大的图形编辑系统可提供删除、修改、拷贝属性等功能。

二、拓扑关系建立

拓扑学是研究图形在保持连续状态下变形时的那些不变的性质，也称"橡皮板几何学"。在拓扑空间中对距离或方向参数不予考虑。拓扑关系是一种对空间结构关系进行明确定义的数学方法，是指图形在保持连续状态下变形，但图形关系不变的性质。可以假设图形绘在一张高质量的橡皮平面上，将橡皮任意拉伸和压缩，但不能扭转或折叠，这时原来图形的有些属性保留，有些属性发生改变，前者称为拓扑属性，后者称为非拓扑属性或几何属性。这种变换称为拓扑变换。

（一）点、线拓扑关系的建立

点、线拓扑关系的实质是建立节点—弧段、弧段—节点的关系表格，有以下两种方案。

第一，在图形采集与编辑时自动建立。主要记录两个数据文件：一个记录节点所关联的弧段，即节点弧段列表；另一个记录弧段的两个端点（起始节点）的列表。数字化时，自动判断新的弧段周围是否已存在节点。若有，将其节点编号登记；若没有，产生一个新的节点，并进行登记。

第二，在图形采集和编辑后自动建立。

（二）多边形拓扑关系的建立

建立多边形拓扑关系是矢量数据自动拓扑关系生成中最关键的部分，算法比较复杂。多边形矢量数据自动拓扑主要包括四个步骤。

第一，链的组织。主要找出在链的中间相交而不是在端点相交的情况，自动切成新链。把链按一定顺序存储（如按最大或最小的 X 或 Y 坐标的顺序），这样查找和检索都比较方便，然后把链按顺序编号。

第二，节点匹配。节点匹配是指把一定限差内的链的端点作为一个节点，其坐标值取多个端点的平均值。然后，对节点顺序编号。

第三，检查多边形是否闭合。检查多边形是否闭合可以通过判断一条链的端点是否有与之匹配的端点来进行，若弧的端点没有与之匹配的端点，因此无法用该条链与其他链组成闭合多边形。多边形不闭合的原因可能是由于节点匹配限差的问题，造成应匹配的端点不匹配，或由于数字化误差较大，或数字化错误，这些都可以通过图形编辑或重新确定匹配限差来确定。另外，这条链可能本身就是悬挂链，不需要参加多边形拓扑，这种情况下可以作一标记，使之不参加下一阶段的拓扑建立多边形的工作。

第四，建立多边形拓扑关系。根据多边形拓扑关系自动生成的算法，建立和存储多边形拓扑关系表格。

第二节　空间数据误差校正与投影变换

一、空间数据误差校正

一个地理信息系统所包含的空间数据都应具有同样的地理数学基础，包括坐标系统、地图投影等。扫描得到的图像数据和遥感影像数据往往会有变形，与标准地形图不符，这时需要对其进行几何纠正。当在一个系统内使用不同来源的空间数据时，它们之间可能会有不同的投影方式和坐标系统，需要进行坐标变换使它们具有统一的空间参照系统。统一的数学基础是运用各种分析方法的前提。

（一）误差的主要类型

图形数据误差可分为源误差、处理误差和应用误差三种类型。源误差是指数据采集和录入过程中产生的误差；处理误差是指数据录入后进行数据处理过程中产生的误差；应用误差不属于数据本身的误差，因此误差校正主要是用来校正数据源误差的。这些误差的性质有系统误差、偶然误差和粗差。由于各种误差的存在，使地图各要素的数字化数据转换成图形时不能套合，使不同时间数字化的成果不能精确联结，使相邻图幅不能拼接。所以数字化的地图数据必须经过编辑处理和数据校正，消除输入图形的变形，才能使之满足实际要求，进行应用或入库。

一般情况下，数据编辑处理只能消除或减少在数字化过程中因操作产生的局部误差或明显误差，但因图纸变形和数字化过程的随机误差所产生的影响，必须经过几何校正才能消除。由于造成数据变形的原因很多，对不同的因素引起的误差，其校正方法也不同，具体采用何种方法应根据实际情况而定，因此，在设计系统时，应针对不同的情况，应用不同的方法来实施校正。

从理论上讲，误差校正是根据图形的变形情况计算出其校正系数，然后根据校正系数校正变形图形。但在实际校正过程中，由于造成变形的因素很多，有机械的也有人工的，因此校正系数很难估算。

（二）误差校正的范围

对那些由于机械精度、人工误差、图纸变形等造成的整幅图形或图形中的一块或局部图元发生位置偏差，与实际精度不相符的图形，都称为变形的图形，如整图发生平移、旋转、交错、缩放等。发生变形的图形都属于校正范围之列。但对那些由于个别因素造成的少点、多边、接合不好等局部误差或明显差错，只能进行编辑修改，不属于校正范围之列。校正是对整幅图的全体图元或局部图元块，而非对个别图元而言。

图中若发现仅某条弧段上的某点或某段数据发生偏移，则需经编辑、移动点或移动弧段即可得到数据纠正，但若是这部分图形都发生位置偏移，此时可以对这部分图形进行校正。

（三）误差校正的种类

1. 几何纠正

由于一定原因，使扫描得到的地形图数据和遥感数据存在变形，必须加以纠正，主要包括：①地形图的实际尺寸发生变形；②在扫描过程中，工作人员的操作会产生一定的误差，如扫描时地形图或遥感影像没被压紧、产生斜置或扫描参数的设置不恰当等，都会使工作人员的地形图或遥感影像产生变形，直接影响扫描质量和精度；③遥感影像本身就存在着几何变形；④地图图幅的投影与其他资料的投影不同，或需将遥感影像的中心投影或多中心投影转换为正射投影等；⑤扫描时受扫描仪幅面大小的影响，有时需将一幅地形图或遥感影像分成几块扫描，这样会使地形图或遥感影像在拼接时难以保证精度。

对扫描得到的图像进行纠正，主要是建立要纠正的图像与标准的地形图或地形图的理论数值或纠正过的正射影像之间的变换关系，消除各类图形的变形误差。目前，主要的变换函数有仿射变换、双线性变换、平方变换、双平方变换、立方变换、四阶多项式变换等，具体采用哪一种，则要根据纠正图像的变形情况、所在区域的地理特征及所选点数来决定。

2. 地形图的纠正

对地形图的纠正，一般采用以下两种方法。

（1）四点纠正法，一般是根据选定的数学变换函数，输入需纠正地形图的图幅行、列号，地形图的比例尺，图幅名称等生成标准图廓，分别采集四个图廓控制点坐标来完成。

（2）逐网格纠正法，是在四点纠正法不能满足精度要求的情况下采用的。这种方法和四点纠正法的不同点就在于采样点数目的不同，它是逐方里网进行的，也就是说，对每一个方里网，都要采点。

具体采点时，一般要先采源点（需纠正的地形图），后采目标点（标准图廓），先采图廓点和控制点，后采方里网点。

3. 遥感影像的纠正

遥感影像[①]的纠正，一般选用和遥感影像比例尺相近的地形图或正射影像图作为变换标准，选用合适的变换函数。分别在要纠正的遥感影像和标准地形图或正射影像图上采集同名地物点。

具体采点时，要先采源点（影像），后采目标点（地形图）。选点时，要注意选点的均匀分布，点不能太多。如果在选点时没有注意点位的分布或点太多，这样不但不能保证精度，反而会使影像产生变形。另外选点时，点位应选由人工建筑构成的并且不会移动的地物点，如渠或道路交叉点、桥梁等，尽量不要选河床易变动的河流交叉点，以免点的移位影响配准精度。

二、投影变换

空间数据处理的一项重要内容是地图投影变换。这是由于 GIS 用户在平面上对地图要素进行处理。这些地图要素代表地球表面的空间要素，地球表面是一个椭球体。在 GIS 应用中，地图的各个图层应具有相同的坐标系统。但是，实际上不同的制图者和不同的 GIS 数据生产者使用数百种不同的坐标系。例如，一些数字地图使用经纬度值度量，另一些用不同的坐标系，这些坐标系只适用于各自的 GIS 项目。如果这些数字地图要放在一起使用，就必须在使用前进行投影或投影变换处理。

---

①遥感影像是指记录各种地物电磁波大小的胶片或照片，主要分为航空相片和卫星相片。

（一）地图投影

"当前，数字制图技术的进步极大地丰富和发展了地图的表现形式，地图实现了从二维到多维，从现实到虚拟，从静态到动态，从纸质图到电子地图的巨大跨越。而作为地图编制的数学基础，地图投影理论同样需要进一步发展完善。"[①]

1. 地图投影的基本属性

地球椭球体面是一个不可展曲面，而地图是一个平面，为解决由不可展的地球椭球面到地图平面上的矛盾，采用几何透视或数学分析的方法，将地球上的点投影到可展的曲面（平面、圆柱面或椭圆柱面）上，由此建立该平面上的点和地球椭球面上的点的一一对应关系的方法，称为地图投影。但是，从地球表面到平面的转换总是带有变形，没有一种地图投影是完美的。每种地图投影都保留了某些空间性质，而牺牲了另一些性质。

2. 地图投影的类别划分

投影的种类很多，分类方法不尽相同，通常采用的分类方法有两种：一是按变形的性质进行分类；二是按承影面不同（或正轴投影的经纬网形状）进行分类。

（1）按变形性质分类。按地图投影的变形性质，地图投影一般分为以下三种。

第一，等角投影。没有角度变形的投影叫等角投影。等角投影地图上两微分线段的夹角与地面上的相应两线段的夹角相等，能保持无限小图形的相似，但面积变化很大。要求角度正确的投影常采用此类投影。这类投影又叫正形投影。

第二，等积投影。等积投影是一种保持面积大小不变的投影，这种投影使梯形的经纬线网变成正方形、矩形、四边形等形状，虽然角度和形状变形较大，但都保持投影面积与实地相等。在该类型投影上便于进行面积的比较和量算。因此自然地图和经济地图常用此类投影。

第三，任意投影。任意投影是指长度、面积和角度都存在变形的投影，但角度变形小于等积投影，面积变形小于等角投影。要求面积、角度变形都较小的地图，常采用任意投影。

（2）按承影面不同分类。按承影面不同，地图投影分为以下三种类别。

第一，圆柱投影。它是以圆柱作为投影面，将经纬线投影到圆柱面上，然后将圆柱面切开展成平面。根据圆柱轴与地轴的位置关系，可分为正轴、横轴和斜轴三种不同的圆柱投影，圆柱面与地球椭球体面可以相切，也可以相割。其中，广泛使用的是正轴、横切或割圆柱投影。正轴圆柱投影中，经线表现为等间隔的平行直线（与经差相应），纬线为垂

---

①焦晨晨. 常用地图投影变形计算机代数分析与优化 [D]. 北京：中国地质大学，2022：7.

直于经线的另一组平行直线。

第二，圆锥投影。它以圆锥面作为投影面，将圆锥面与地球相切或相割，将其经纬线投影到圆锥面上，然后把圆锥面展开成平面而成。这时圆锥面又有正位、横位及斜位几种不同位置的区别，制图中广泛采用正轴圆锥投影。

在正轴圆锥投影中，纬线为同心圆圆弧，经线为相交于一点的直线束，经线之间的夹角与经差成正比。

在正轴切圆锥投影中，切线无变形，相切的那一条纬线叫标准纬线，或叫单标准纬线；在割圆锥投影中，割线无变形，两条相割的纬线叫双标准纬线。

第三，方位投影。它是以平面作为承影面进行地图投影。承影面（平面）可以与地球相切或相割，将经纬线网投影到平面上而成（多使用切平面的方法）。同时，根据承影面与椭球体之间位置关系的不同，又有正轴方位投影（切点在北极或南极）、横轴方位投影（切点在赤道）和斜轴方位投影（切点在赤道和两极之间的任意一点上）之分。

上述三种方位投影，都又有等角与等积等几种投影性质之分。其中正轴方位投影的经线表现为自圆心辐射的直线，其交角即经差，纬线表现为一组同心圆。此外，尚有多方位、多圆锥、多圆柱投影和伪方位、伪圆锥、伪圆柱等许多类型的投影。

（二）投影变换

地理信息系统的数据大多来自各种类型的地图资料。这些不同的地图资料根据成图的目的与需要的不同采用不同的地图投影。为保证同一地理信息系统内（甚至不同地理信息系统之间）的信息数据能实现交换、配准和共享，在不同地图投影地图的数据输入计算机时，首先必须将它们进行投影变换，用共同的地理坐标系统和直角坐标系统作为参照来记录存储各种信息要素的地理位置和属性。因此，地图投影变换对数据输入和数据可视化都具有重要意义，否则投影参数不准确定义所带来的地图记录误差会使以后所有基于地理位置的分析、处理与应用都没有意义。

地图投影的方式有多种类型，它们都有不同的应用目的。当系统使用的数据取自不同地图投影的图幅时，需要将一种投影的数字化数据转换为所需要的投影的坐标数据。

在地图数字化完毕后，经常需要进行坐标变换，得到经纬度参照系下的地图。对各种投影进行坐标变换的原因主要是输入时地图是一种投影，而输出的地图产物是另外一种投影。进行投影坐标变换有两种方式：一种是利用多项式拟合，类似于图像几何纠正；另一种是直接应用投影变换公式进行变换。

1. 投影转换的方法

投影转换[①]的方法可以采用正解变换、反解变换和数值变换。

（1）正解变换。通过建立一种投影变换为另一种投影的严密或近似的解析关系式，直接由一种投影的数字化坐标 x，y 以变换到另一种投影的直角坐标 X，Y。

（2）反解变换。即由一种投影的坐标反解出地理坐标 $(x, y \rightarrow B, L)$，然后将地理坐标代入另一种投影的坐标公式中 $(B, L \rightarrow X, Y)$，从而实现由一种投影的坐标到另一种投影坐标的变换 $(x, y \rightarrow X, Y)$。

（3）数值变换。根据两种投影在变换区内的若干同名数字化点，采用插值法，或有限差分法，或有限元法，或待定系数法等，从而实现由一种投影的坐标到另一种投影坐标的变换。

2. 投影转换的配置

地理信息系统中地图投影配置的一般原则如下。

（1）所配置的地图投影应与相应比例尺的国家基本图（基本比例尺地形图、基本省区图或国家大地图集）投影系统一致。

（2）系统一般只采用两种投影系统，一种服务于大比例尺的数据输入、输出，另一种服务于中小比例尺。

（3）所用投影以等角投影为宜。

（4）所用投影应能与格网坐标系统相适应，即所用的格网系统在投影带中应保持完整。

目前，大多数的 GIS 软件系统都具有地图投影选择与变换功能，对地图投影与变换的原理的深刻理解是灵活运用 GIS 地图投影功能与开发的关键。

第三节　图形的剪裁与合并

一、图形裁剪

在计算机地图制图过程中，会遇到图幅划分及图形编辑过程中对某个区域进行局部放大的问题，这些问题要求确定一个区域，并使区域内的图形能显示出来，而将区域之外的图形删去（不显示或分段显示），这个过程就是图形裁剪，这里提到的区域也称窗口，根据窗口形状分为矩形窗口或任意多边形。简言之，图形裁剪就是描述某一图形要素（如直线、圆等）是否与一多边形窗口（如矩形窗口）相交的过程。

---

①投影转换是将一种地图投影点的坐标变换为另一种地图投影点的坐标的过程。

图形裁剪的主要用途是清除窗口之外的图形，在许多情况下需要用到图形的裁剪，包括窗口的开窗、放大、漫游显示，地形图的裁剪输出，空间目标的提取，多边形叠置分析等。这里主要介绍多边形裁剪的基本原理和多边形的合并操作。

在图形裁剪时，首先要确定图形要素是否全部位于窗口之内，若只有部分在窗口内，要计算出图形元素与窗口边界的交点，正确选取显示部分内容，裁剪去窗口外的图形，从而只显示窗口内的内容。对于一个完整的图形要素，开窗口时可能使得其一部分在窗口之内，一部分位于窗口之外，为了显示窗口内的内容，就需要用裁剪的方法对图形要素进行剪取处理。裁剪时开启的窗口可以为任意多边形，这里以矩形窗口为例进行介绍。

（一）图形剪裁的基本原理

对矩形窗口，判断图形是否在窗口内，只需进行四次坐标比较，即满足式（5-1），满足条件则图形在窗口内，否则，图形不在窗口内。

$$X_{min} \leq X \leq X_{max}, \ Y_{min} \leq Y \leq Y_{max} \tag{5-1}$$

式（5-1）中，(X, Y) 是被判别的点，(X_{min}, Y_{min}) 及 (X_{max}, Y_{max}) 则分别是矩形窗口的最小值和最大值坐标。由于曲线是由一组短直线组成的，因而求直线与矩形窗口边界线交点，就是计算图形与矩形窗口的交点。

图形裁剪的原理并不复杂，但是图形裁剪的算法很复杂，在裁剪算法软件开发中，最重要的是提高计算速度。

（二）图形剪裁中的线段裁剪

1. 编码裁剪法

在裁剪时不同的线段可能被窗口分成几段，但其中只有一段位于窗口内可见，这种算法的思想是将图形所在的平面利用窗口的边界分成的九个区，每一区都由一个四位二进制编码表示，每一位数字表示一个方位，其含义分别为：上、下、右、左，以 1 代表"真"，0 代表"假"，中间区域的编号为 0000，代表窗口。这样，当线段的端点位于某一区时，该点的位置可以用其所在区域的四位二进制码来唯一确定，通过对线段两端点的编码进行逻辑运算，就可确定线段相对于窗口的关系。

如果线段的两个端点的四位编码全为 0，则此线段全部位于窗口内；若线段两个端点的四位编码进行逻辑乘运算的结果为非 0，则此线段全部在窗口外。对这两种情况无须做裁剪处理。

如果一条线段用上述方法无法确定是否全部在窗口内或全部在窗口外，则需要对线段进行裁剪分割，对分割后的每一子线段重复以上编码判断，把不在窗口内的子段裁剪掉，直到找到位于窗口内的线段为止。

2. 中点分割法

中点分割法的基本原理是，将直线对半平分，用中点逼近直线与窗口边界点的交点，进而找到对应直线两端点的最远可见点（位于窗口内的点），而最远可见点之间的部分即是应取线段，其余的舍弃。

（三） 图形剪裁中的多边形窗口裁剪

多边形的窗口裁剪是以线段裁剪为基础的，但又不同于线段的窗口裁剪。多边形的裁剪比线段要复杂得多。因为经过裁剪后，多边形的轮廓线仍要闭合，而裁剪后的边数可能增加，也可能减少，或者被裁剪成几个多边形，这样必须适当地插入窗口边界才能保持多边形的封闭性。这就使得多边形的裁剪不能简单地用裁剪直线的方法来实现。在线段裁剪中，是把一条线段的两个端点孤立地考虑。而多边形裁剪是由若干条首尾相连的有序线段组成的，裁剪后的多边形仍应保持原多边形各自的连接顺序。另外封闭的多边形裁剪后仍应是封闭的，因此，多边形的裁剪应着重考虑如何把多边形落在窗口边界上的交点正确、按序连接起来构成多边形，包括决定窗口边界及拐角点的取舍。

对多边形的裁剪，人们研究出了多种算法，较为常用的有逐边裁剪法和双边裁剪法，有兴趣的读者可以参阅相关的研究文章了解更多的算法。

逐边裁剪法是根据相对于一条边界线裁剪多边形比较容易这一点，把整个多边形先相对于窗口的第一条边界裁剪，把落在窗口外部的图形去掉，只保留窗口内的图形，然后再把形成的新多边形相对于窗口的第二条边界裁剪，如此进行到窗口的最后一条边界，从而把多边形相对于窗口的全部边界进行了裁剪，最后得到的多边形即为裁剪后的多边形。

二、图形合并

在 GIS 中经常要将一幅图内的多层数据合并在一起，或者将相邻的多幅图的同一层数据或多层数据合并在一起，此时涉及空间拓扑关系的重建。但对多边形数据，因为同一个多边形已在不同的图幅内形成独立的多边形，合并时需要去掉公共边界。跨越图幅的同一个多边形，在它左右两个图幅内，借助图廓边形成了两个独立的多边形。为了便于查询与制图（多边形填充符号），现在要将它们合并在一起，形成一个多边形。此时，需要去掉公共边。实际处理过程是先删掉两个多边形，解除空间拓扑关系，然后删除公共边（实际上是图廓边），然后重建拓扑关系。

第六章
地理信息系统空间数据的管理

第一节　数据与数据库管理概述

一、数据与数据库文件

数据是对客观事物进行描述和记录的符号。数据有多种表现形式，包括数字、文字、图形、图像、音频以及视频等，它们都可以经过数字化后存储到计算机系统中。数据管理是利用计算机软、硬件技术，对收集的数据以数据文件或者数据库的形式存储在计算机中，并进行查询、处理及应用的过程，其目的是帮助人们方便地使用这些信息资源并充分挖掘数据的价值。

（一）数据组织的分级

数据组织的层次可以按逻辑单位或物理单位分级。按逻辑单位分级是指从应用的角度来观察数据，是从数据与其所描述的对象之间的关系来划分数据层次。属于逻辑数据单位的层次有：数据项、记录、文件和数据库。数据的物理单位是指数据在存储介质上的存储单位，属于物理数据单位的层次有：比特、字节、字、块、桶和卷。例如，一本书的内容若从逻辑上划分，其结构层次是：章、节、段、文句和词；若从物理上划分，其结构是卷、页、行、字。这里我们仅以数据的逻辑单位为主导线索来说明数据的层次单位的含义与使用问题。

数据是现实世界中的信息载体，是信息的具体表达形式，为了表达有意义的信息内容，数据必须按照一定的方式进行组织和存储。数据库中的数据组织一般可以分为四级：数据项、记录、文件和数据库。

1. 数据项

数据项是可以定义数据的最小单位，也称为基本项、字段等。数据项与现实世界实体的属性相对应，数据项有一定的取值范围，称为域。域以外的任何值对该数据项都是无意义的。如表示月份的数据项的域是 1~12，13 就是无意义的值。每个数据项都有一个名称，称为数据项目。数据项的值可以是数值、字母、数字、汉字等形式。数据项的物理特点在于它具有确定的物理长度，一般用字节数表示。多个数据项可以组合，构成组合数据项。如"日期"可以由日、月、年三个数据项组合而成。组合数据项也有自己的名字，可以作为一个整体看待。

2. 记录

记录由若干相关联的数据项组成。记录是应用程序输入/输出的逻辑单位。对大多数数据库系统而言，记录是处理和存储信息的基本单位。记录是关于一个实体的数据总和，构成该记录的数据项表示实体的若干属性。记录有"型"和"值"的区别。"型"是同类记录的框架，它定义记录；"值"是记录反映实体的内容。为了唯一标识每个记录，就必须有记录标识符，也称为关键字。记录标识符一般由记录中的第一个数据项担任，唯一标识记录关键字称主关键字，其他标识记录的关键字称为次关键字。

记录可以分为逻辑记录与物理记录。逻辑记录是文件中按信息在逻辑上的独立意义来划分的数据单位。物理记录是单个输入/输出命令进行数据存取的基本单元。物理记录与逻辑记录有多种对应关系：①一个物理记录对应一个逻辑记录；②一个物理记录含有若干个逻辑记录；③若干个物理记录存放一个逻辑记录。

3. 文件

文件是一个给定类型的记录的全部具体值的集合。例如，一幅图的点状地物可能是一个数据文件，一张属性表也可能是一个文件。文件用文件名标识。文件根据记录的组织方式和存取方法可以分为顺序文件、索引文件、直接文件和倒排文件等等。

4. 数据库

数据库是比文件更大的数据组织。数据库是具有特定联系的数据的集合，也可以看成具有特定联系的多种类型的记录集合。数据库的内部构造是文件的集合，这些文件之间存在某种联系，不能孤立存在。例如，一个地理信息系统工程可能含有几千幅图，每幅图可能有点、线、面等多种数据文件和多种属性表。因此，一个地理信息工程必须有一个可以组织和管理大量文件的空间数据库。如果涉及时态信息，需要构建一个时空数据库。

(二) 数据之间的逻辑联系

数据之间的逻辑联系主要是指记录与记录之间的联系。记录是现实世界中的实体在计算机中的表示。实体之间存在着一种或多种联系，这样的联系必然要反映到记录之间的联系上来。数据之间的逻辑联系主要有以下三种。

第一，一对一关系（1∶1），这种联系是指在集合 A 中存在一个元素 ai，则在集合 B 中就有一个且仅有一个 bi 与之联系。在 1∶1 的联系中，一个集合中的元素可以标识另一个集合中的元素，即 $ai{\rightarrow}bi$，反之 $bi{\rightarrow}ai$。例如，地理名称与对应的空间位置之间的关系就是一种一对一的联系。

第二，一对多关系（1∶N），现实世界中较多存在的是一对多的联系。这种联系可以表达为：在集合 A 中存在一个 ai，则在集合 B 中存在一个子集 B ＝ $\{bi_1, bi_2, \cdots, bi_n\}$ 与之联系。行政区划就具有一对多的联系，一个省对应有多个市，一个市有多个县，一个县又有多个乡。

第三，多对多关系（M∶N），这是现实世界中最复杂的联系，即对于集合 A 中的一个元素 ai，在集合 B 中就存在一个子集 B ＝ $\{bi_1, bi_2, \cdots, bi_n\}$ 与之相联系。M∶N 的联系，在数据库中往往不能直接表示出来，而必须经过某种变换，使其分解成两个 1∶N 的联系来处理。地理实体中的多对多联系是很多的，如土壤类型与种植的作物之间有多对多联系，同一种土壤类型可以种不同的作物，同一种作物又可种植在不同的土壤类型上。

（三）常用数据文件

文件组织是数据组织的一部分。数据组织既包括数据在内存中的组织，又包括数据在外存中的组织；而文件组织则主要指数据记录在外存设备上的组织，它由操作系统进行管理，具体解决在外存设备上如何安排数据和组织数据，以及实施对数据的访问方式等问题。操作系统实现的文件组织方式，可以分为顺序文件、索引文件、直接文件和倒排文件。

1. 顺序文件

顺序文件是最简单的文件组织形成。最早的顺序文件是按记录来到的先后顺序排列，这种文件对记录的插入容易，但是对数据的检索效率比较低。例如，设一个信息系统需要存储 10000 个土壤剖面，每个记录存储一个土壤剖面，查找每个记录的时间为 1 秒，则这种文件的平均检索时间为（10000+1）/2min，即大约平均需要 90min 才能查找到所需记录的键号，其最大检索时间为 166min。因此，需要将数据结构化，以加速数据的存取。

最简单的数据结构化的方法是对记录按照主关键字的顺序进行组织。当主关键字是数字型时，以其数值的大小为序；若主关键字是文字型的，则以字母的排列为序。一切存于磁带上的记录都只能是顺序的，而存于磁盘上的记录，既可以是顺序的，也可以是随机的。

（1）顺序文件的存储组织。顺序文件的记录，逻辑上按主关键字排序。在物理存储上，可以有以下三种形式。

第一，向量方式：被存储的文件按地址连续存放，物理结构与逻辑结构一致。该方式查找方便，但插入记录困难。

第二，链方式：文件不按地址连续存放，文件的逻辑顺序靠链来实现。文件中的每个记录都含有一个指针，用以指明下一记录的存放地址。链方式的优点是存储分配灵活，缺点是查找费时，记录存放地址需要多占用存储空间。

第三，块链方式：把文件分成若干数据块，块之间用指针连接，而块内则是连续存储。这种方式集中了上述两种的优点：查找方便，存储空间分配灵活，占用的指针空间也不大。

（2）顺序文件查找。由于文件的物理结构不同，查找方法也不尽相同。对向量结构的文件一般可采取下述方法。

第一，顺序查找：从文件的第一个记录开始，按记录的顺序依次往下找，直至找到所求记录。设文件长度为10000，查找对象每个记录的时间为1s，则平均检索时间为90min。

第二，分块查找：也称跳跃查找，即把文件分成若干块，每次查一块中的最后一个记录，并判断所要查找的记录是否在本块中，若在则按顺序查找该块的记录，若不在则跳到下一块继续查找。

第三，折半查找：每次查找文件给定部分的中点记录，根据该记录的关键字值等于、小于或大于给定值来分别决定记录已找到，还是在给定部分的后一半或前一半，然后再折半查找。这种查找法的平均查找次数为 $\log_2 (n+1)$，当 n 为10000个记录，时间为1s，则平均检索时间只需14s。

2. 索引文件

索引文件的特点是除了存储记录本身（主文件）以外，还建立了若干索引表，这种带有索引表的文件叫作索引文件。索引表中列出记录关键字和记录在文件中的位置（地址）。读取记录时，只要提供记录的关键字值，系统通过查找索引表获得记录的位置，然后取出该记录。

索引表一般都是经过排序的。索引文件只能建在随机存取介质，如磁盘上。索引文件既可以是有顺序的，也可以是无顺序的，可以是单级索引，也可以是多级索引。多级索引可以提高查找速度，但占用的存储空间较大。

3. 直接文件

直接文件也称为随机文件。直接文件中的存储是根据记录关键字的值，通过某种转换方法得到一个物理存储位置，然后把记录存储在该位置上。查找时，通过同样的转换方法，可直接得到所需要的记录。

因为直接文件的构造是依靠某种方法（通常称为哈希算法）进行关键字到存储位置的转换的，所以选择合适的哈希算法的关键是减少记录的"碰撞"。所谓"碰撞"是指不同的关键字经转换所得的存储位置是相同的，从而导致一个以上的记录有相同的存储位置。因此，在构造直接文件时，必须解决"碰撞"问题。

4. 倒排文件

索引文件是按照记录的主关键字来构造索引的，所以也叫主索引。如果按照一些辅关键字来组织索引，则称为辅索引，带有这种辅索引的文件则称为倒排文件。因为在地理信息存取中，常常不仅要按照关键属性（如土壤类型）来提取数据，同时还需要一些相关联的属性（如土层厚度、土壤质地、有机质、pH 值、排水条件和土壤侵蚀状况等），这时为提高查找效率，缩短响应时间，就需要仔细分析辅关键字，建立一组辅索引。所以，倒排文件是一种多关键字的索引文件。倒排文件中的索引不能唯一标识记录，往往同一索引指向若干记录。因而，索引往往带有一个指针表，指向所有该索引标识的记录。通过辅索引不能直接读取记录，而要通过主关键字才能查找到记录的位置。

倒排文件的主要优点是在处理多索引检索时，可以在辅索引中先完成查询的"交""并"等逻辑运算，得到结果后再对记录进行存取，从而提高查找速度。

二、数据库与数据库管理系统

（一）数据库的概念

数据库是发展迅速的一种计算机数据管理技术。数据库的应用领域相当广泛，从一般的事务处理到各种专门化数据的存储与管理，都可以建立不同类型的数据库。地理信息系统中的数据库就是一种专门化的数据库。建立数据库不仅是为了保存数据，扩展人的记忆，更是为了帮助人们去管理和控制与这些数据相关联的事物。

数据库是被存储起来的数据集合，这些数据被特定的组织（如公司、银行、大学、政府机关等）使用。它以最优的方式为一个或多个应用服务；数据的存储独立于使用它的程序；对数据库插入新的数据、检索和修改原有数据均能按一种公用的和可控的方法进行；数据被结构化，为今后的应用研究提供基础。简言之，数据库就是为一定目的服务，以特定的结构存储的相关联的数据集合。

数据库是数据管理的高级阶段，是从文件管理系统发展而来的。数据库与传统的文件系统有许多明显的差别，其中主要的有两点：①数据独立于应用程序而集中管理，实现了数据共享，减少了数据冗余，提高了数据的效益；②在数据之间建立了联系，从而使数据库能反映出现实世界中信息的联系，这也是数据库与文件系统的根本区别。

地理数据库是地理信息系统在计算机物理存储介质上存储的某特定区域内与应用相关的地理空间数据的集合。地理数据库与一般数据库相比，具有以下三个特点。

第一，数据量特别大。地理系统是一个复杂的综合体，要用数据来描述各种地理要素，尤其是要素的空间位置，其数据量往往大得惊人，即使是一个很小区域的数据库也是如此。

第二，不仅有地理要素的属性数据（与一般数据库中的数据性质相似），还有大量的空间数据，即描述地理要素空间分布位置的数据，并且这两种数据之间具有不可分割的联系。

第三，数据应用面相当广，如地理研究、环境保护、土地利用与规划、资源开发、生态环境、市政管理、道路建设等。

上述特点，尤其是第二点，决定了在建立地理数据库时，一方面应该遵循和应用通用数据库的原理和方法，另一方面又必须采取一些特殊的技术和方法来解决其他数据库所没有的空间数据管理的问题。因为地理数据库具有明显的空间特征，所以地理数据库又被称为空间数据库，如果包含时态信息，又称为时态数据库。

(二) 数据库的特征

数据库方法与文件管理方法相比，具有更强的数据管理能力。一般地，数据库具有以下五个主要特征。

1. 数据集中控制

在文件管理中，文件是分散的，每个用户或每种处理都有各自的文件，不同的用户或处理的文件一般是没有联系的，因而不能为多用户共享，也不能按照统一的方法来控制、维护和管理。数据库很好地克服了这一缺点，数据库集中控制和管理有关数据，以保证不同用户和应用可以共享数据。数据集中并不是把若干文件"拼凑"在一起，而是要把数据"集成"。因此，数据库的内容的结构必须合理，才能满足众多用户的要求。

2. 数据冗余度小

冗余是指数据的重复存储。在文件方式中，数据冗余大。冗余数据的存在有两个缺点：一是增加了存储空间；二是易出现数据不一致。设计数据库的主要任务之一是识别冗余数据，并确定是否能消除。在目前情况下，即使使用数据库方法也不能完全消除冗余数据。有时，为了提高数据处理效率，也应该有一定程度的数据冗余。但是，在数据库中应该严格控制数据的冗余度。在有冗余的情况下，数据更新、修改时，必须保证数据库内容的一致性。

3. 数据独立性

数据独立是数据库的关键性要求。数据独立是指数据库中的数据与应用程序相互独立，即应用程序不因数据性质的改变而改变，数据性质也不因应用程序的改变而改变。数据独立分为两级：物理级和逻辑级。物理独立是指数据的物理结构变化不影响数据的逻辑结构；逻辑独立意味着数据库的逻辑结构的改变不影响应用程序。逻辑结构的改变有时会影响到数据的物理结构。

4. 复杂的数据模型

数据模型能表示现实世界中各种各样的数据组织以及数据之间的联系。复杂的数据模型是实现数据集中控制、减少数据冗余的前提和保证。采用数据模型是数据库方法与文件方法的一个本质区别。数据库常用的数据模型有四种：层次模型、网络模型、关系模型和面向对象模型。因此，根据使用的模型，可以把数据库分成层次型数据库、网络型数据库、关系型数据库和面向对象型数据库。

5. 数据保护

数据保护对数据库来说是至关重要的，一旦数据库中的数据遭到破坏，就会影响数据的功能，甚至使整个数据库失去作用。数据保护主要有四个方面的内容：①安全性控制，要防止数据丢失、错误更新和越权使用。数据库的用户通常只能使用和更新某些数据，只有数据库管理员才能对整个数据库进行操作。②完整性控制，即保证数据正确、有效和相容。③并发控制，就是既要能做到同一时间周期内允许对数据的多路存取，又要能防止用户之间的不正常的交互作用。④故障的发现和恢复，数据库管理系统提供了一套措施，警惕和发现故障，并在发生故障时，尽快自动恢复数据库的内容和运行。

（三）数据库的系统结构

数据库是一个复杂的系统。数据库的基本结构可以分成三个层次：物理级、概念级和用户级，分别对应数据库系统的三级模式：内模式、模式和外模式。

第一，物理级：数据库最内的一层。它是物理设备上实际存储的数据集合（物理数据库），是由物理模式（也称内部模式）描述的。

第二，概念级：数据库的逻辑表示，包括每个数据的逻辑定义以及数据之间的逻辑联系。它是由概念模式定义的，这一级也被称为概念模型。

第三，用户级：用户所使用的数据库，是一个或几个特定用户所使用的数据集合，是概念模型的逻辑子集，用外部模式定义。

数据库不同层级之间的联系是通过映射进行转换的。映射是实现数据独立的保证。当数据库结构（物理结构）发生变化时，只要改变相应的映射就可以保证应用的不变。正是这三个层次之间提供的两层映射保证了数据库系统的数据能具有较高的逻辑独立性和物理独立性。

（四）数据库管理系统

数据库管理系统（DBMS）是处理数据库存取和各种管理控制的软件，它是数据库系统的中心枢纽，与各部分有密切的联系，应用程序对数据库的操作全部通过 DBMS 进行。

1. DBMS 的功能

数据库管理系统的功能因不同的系统而有所差异，但一般都具有以下四种主要功能。

（1）数据库定义功能：具有定义概念模型、外部模型和内部模型的能力，以及把各种源模式翻译成目标模式，并存储在系统中的能力。定义数据库是建立数据库的第一步工作，它勾画出数据库的框架。

（2）数据库管理功能：包括整个数据库的运行控制、数据存取、更新管理、数据完整性及有效性控制，以及数据共享时的并发控制等。

（3）数据库维护功能：主要有数据库重定义、数据重新组织、性能监督和分析、数据库整理和发生故障时恢复运行等。

（4）数据库通信功能：包括与操作系统的接口处理、与各种语言的接口，以及与远程操作的接口处理等。

2. DBMS 的组成

为了实现上述各项功能，每一项工作都有相应的程序，所以数据库管理系统实际上是许多系统程序组成的一个整体。它大体上可分成以下三大部分。

（1）语言处理程序：包括完成数据库定义、操作等功能的程序，主要有：数据描述语言（DDL）的编译程序、数据操作语言（DML）的处理程序、终端命令解译程序和主语言的预编译程序等。

（2）系统运行控制程序：主要包括系统控制程序、数据存取程序、数据更新程序、并发控制程序、保密控制程序、数据完整性控制程序等。

（3）建立和维护程序：包括数据装入程序、性能监督程序、工作日志程序、重新组织程序、转储程序和系统恢复程序等。

3. 通过 DBMS 进行存取记录的过程

用户通过 DBMS 读取（修改过程也类似）数据记录的过程包括以下主要步骤。

（1）应用程序向 DBMS 发出读取记录的命令。

（2）DBMS 查找出应用程序所用的外部模式。

（3）DBMS 找出模式。

（4）DBMS 查阅存储模式，确定记录位置。

（5）DBMS 向操作系统（OS）发出读取记录的命令。

（6）操作系统应用 I/O 程序，把记录送入系统缓冲区。

（7）DBMS 从系统缓冲区数据中导出应用程序所需记录，并送入应用程序工作区。

（8）DBMS 向应用程序报告操作状态信息，如"执行成功""数据未完成"等。

4. 数据库管理员

建立和维护数据库是一项十分复杂繁重的工作，需要若干人的参与才能完成。那些掌握数据库全面情况并作为数据库设计和管理骨干的人被称为数据库管理员（DBA）。他们的主要任务如下。

（1）决定数据库的信息内容，了解用户要求；建立数据模型和模式；将源模式翻译成目标模式；当情况发生变化时，能适应用户新的要求。

（2）充当数据库系统的联络员，如建立子模式；确定子模式之间的映射；将子模式的源形式转换成目标形式。

（3）决定存储结构和访问策略，如何组织文件、如何在存储设备上存放数据、如何建立模式到存储之间的映射。

（4）决定系统的保护策略，决定用户的使用权限；确定授权和访问生效方法；决定数据库的后援（建立副本）和恢复策略。

（5）监督系统工作，响应系统变化；改善系统性能，提高系统效率。

三、数据模型

数据模型是描述数据库中内容和数据之间联系的工具，是衡量数据库能力强弱的主要标志之一。数据库设计的核心问题之一就是设计一个好的数据模型。目前在数据库领域常用的数据模型有层次模型、网络模型、关系模型，以及面向对象（或称面向目标）模型。下面以一个简单的空间实体为例（图 6-1）①，简述使用传统数据模型如何进行数据组织。

---

① 龚健雅. 地理信息系统基础 [M]. 2 版. 北京：科学出版社，2019：192-194.

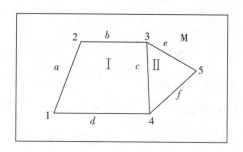

图 6-1　地图 M 及其空间要素 I 和 II

（一）传统数据模型

1. 层次模型

层次模型是以记录类型为节点的有向树或者森林，树的主要特征之一是除根节点外，任何节点只有一个父亲。父节点表示的总体与子节点的总体必须是一对多的联系，即一个父记录对应于多个子记录，而一个子记录只对应于一个父记录。对于图 6-1 所示的多边形地图，可以构造出如图 6-2 所示的层次模型。

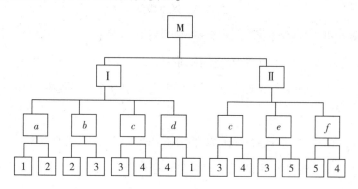

图 6-2　层次模型

图 6-2 中的每个方块代表一个节点记录，附有该节点的属性值，节点记录之间的连线反映了它们之间的从属关系。第 i 层的记录上属于第 $i-1$ 层。如果把层次模型中的记录按照先上后下、先左后右的次序排列就得到了一个记录序列，称为层次序列码。层次序列码指出层次路径。按照层次路径查找记录是层次模型实现的方法之一。例如，要检索 a 边必须先查找 a 边所属的多边形。

层次模型不能表示多对多的联系。在 GIS 中，若采用这种层次模型将难以顾及数据共享和实体之间的拓扑关系，导致数据冗余度增加。如图 6-1 中 3 号、4 号点在层次模型中重复存储四次，这不仅增加了存储量，而且给拓扑查询带来困难。此外，当对层次模型的节点记录进行修改时，也比较麻烦，只有当新记录有上属记录时才能插入。删除一个记录，其所有下属记录也同时被删除。

2. 网络模型

网络模型是一种用于设计网络数据库的数据模型。网络模型是以记录类型为节点的网络结构。网络与树有两个非常显著的区别：①一个子节点可以有两个或多个父节点；②在两个节点之间可以有两种或多种联系。

在网络模型的术语中，用"络"（set）表示这种联系。所谓络就是一棵二级树，它的根称为主节点，它的叶称为从节点。络有型与值之分：络类型（型）表示记录类型之间的联系；络事件（值）表示记录值之间的联系。对每一个络类型都必须命名，以相互区别。

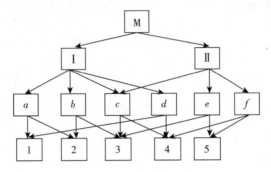

图6-3　网络模型

图6-3是图6-1的网络模型。图6-3中的每个方格称为一个节点，代表一个实体，每个实体用一个记录表示，不同实体之间的联系用络连接。因为一个节点可能有多个双亲，所以一个节点可能是多个络的子女。在网络模型中通常采用循环指针来连接网络中的节点。

在基于矢量的 GIS 中，图形数据通常采用拓扑数据模型，这种模型非常类似于网络模型，但拓扑模型一般采用目标标识来代替网络连接的指针。

3. 关系模型

关系模型是一种数学化的模型，它将数据的逻辑结构归结为满足一定条件的二维表，亦称关系。一个实体由若干关系组成，而关系表的集合就构成了关系模型。关系表可表示为：$R (A_1, A_2, \cdots, A_n)$。其中 R 为关系名或称关系框架，A_i（$i=1, 2, \cdots, n$）是关系 R 所包含的属性名；表的行在关系中叫作元组（tuple），相当于一个记录值，表的列叫作属性。所有的元组都是同质的，即有相同的属性项。一个关系作为一个同质文件单独存储，一个有 n 个关系表的实例需要建立 n 个文件。

关系模型的最大特色是描述的一致性，对象之间的联系不是用指针表示，而是由数据本身通过公共值隐含地表达，并且用关系代数和关系运算来操作。

关系模型具有结构简单灵活、数据修改和更新方便、容易维护和理解等优点，是当前数据库中最常用的数据模型。大部分 GIS 中的属性数据仍采用关系数据模型，有些系统甚至采用关系数据库管理系统管理几何图形数据。然而，关系模型在效率、数据语义、模型扩充、程序交互和目标标识方面都还存在一些问题，特别是在处理空间数据库所涉及的复杂目标方面，传统关系模型显得难以适应。

（二）面向对象模型

面向对象模型也称面向目标的模型，是为了克服软件质量和软件生产率低下而发展起来的一种程序设计方法。面向对象的定义是指无论怎样复杂的事物都可以准确地由一个对象表示，这个对象是一个包含了数据集和操作集的实体。除数据与操作的封装性以外，面向对象的数据模型还涉及四个抽象概念：分类、概括、聚集和联合，以及继承和传播两个语义模型工具。

1. 对象与封装性

在面向对象的系统中，所有的概念实体都可以模型化为对象。多边形地图上的一个结点或一条弧段是对象，一条河流或一个省也是一个对象。一个对象是由描述该对象状态的一组数据和表达它的行为的一组操作（方法）组成。例如，河流的坐标数据描述了它的位置和形状，而河流的变迁移动表达了它的行为。由此可见，对象是数据和行为的统一体。

定义1：一个对象 Object 是一个三元组：

$$Object = (ID, S, M) \qquad (6-1)$$

式中：ID 为对象标识；M 为方法集；S 为对象的内部状态。

它可以直接是一属性值，也可以是另外一组对象的集合，因而它明显地表现出对象的递归。

定义2：

第一，Number，String，Symbol，True，False 等称为原子对象。

第二，若 S 中都是属性值，且 S_1，S_2，$\cdots$，S_n 均为原子对象，则称 Object 为简单对象。

第三，如果 S_1，S_2，$\cdots$，S_n 包含了原子对象以外的其他类型的对象，则称 Object 为复杂对象，而其中的 S_i 称为子对象。若 S 中所包含的子对象属同一类对象，则称 Object 为组合对象。

在面向对象的系统中，对象作为一个独立的实体，一经定义就带有一个唯一的标识号，且独立于它的值而存在。这样就有了两个对象等价的概念：两个对象可能相同（它们是同一对象），也可能相等（它们有相同的值）。这又蕴含了两个作用：一是对象共享，二是对象更新。

对象共享指的是，在基于标识的模型中，两个对象可能共享一个成分，这样复杂对象的图形可能是一个图结构，而在没有标识的系统中只是一棵树结构。例如，一个成年人有姓名、年龄和若干个孩子。假定王平和刘莉都有一个名叫王小刚的 15 岁的孩子，在实际生活中，可能有两种情况发生，王平和刘莉是同一孩子的父母，或者涉及的是两个孩子。在一个无标识的系统中，王平被描述成（王平，40，｛（王小刚，15，｛｝）｝）而刘莉被描述成（刘莉，39，｛（王小刚，15，｛｝）｝）。这样无法说明王平和刘莉是否是同一孩子的父母。在基于标识的模型中，用标识号标识孩子，若是同一孩子使用同一标识号，否则用不同的标识号以示区别。

对象更新指的是，假定王平与刘莉确实为王小刚的父母，在这种情况下，对刘莉儿子的所有更新将作用于对象王小刚，理所当然对王平的儿子也是这样。在基于值的系统中，两个对象必须分别更新。使用了对象标识方法建立了一个新的子对象，只需作一次更新。

支持对象标识意味着提供诸如对象赋值、对象拷贝以及对对象标识和对象相等进行的测试操作。传统关系模型是基于值的系统，它不支持对象标识的概念。然而一些扩展了的关系数据库或许多地理信息系统在基于值的模型中通过引入显式定义的对象标识符来模拟对象标识。此时，对象标识号实际上是作为一个属性值存于关系表中。

2. 分类

类是关于同类对象的集合，具有相同属性和操作的对象组合在一起形成类。类描述了实例的形式（属性等）以及作用于类中对象上的操作（方法）。属于同一类的所有对象共享相同的属性项和方法，每个对象都是这个类的一个实例，即对象与类的关系是 instance-of 的关系。同一个类中的对象在内部状态的表现形式上（即型）相同，但它们有不同的内部状态，即有不同的属性值；类中的对象并不是一模一样的，而应用于类中所有对象的操作却是相同的。这样可以用一个三元组建立一个更为抽象的类型：

$$\text{Class} = (\text{CID}, \text{CS}, \text{CM}) \qquad\qquad (6-2)$$

式中：CID 为类型标识，即类型名；CS 为状态描述部分；CM 为应用于该类的操作。

显然，当 Object $\in$ Class 时，有 S $\in$ CS 和 M = CM。因此，在实际的系统中，仅需对每个类型定义一组操作，供该类中的每个对象应用。但因为每个对象的内部状态不完全相同，所以要分别存储每个对象的属性值。

以一个城市的 GIS 为例，它包括了建筑物、街道、公园、电力设施等类型，而中山路51 号楼则是建筑物类中的一个实例，即对象。建筑物类中可能有建筑物用途、地址、房主、建筑日期等属性，并可能需要显示建筑物、更新属性数据等操作。中山路 51 号，房主为王平，建筑日期为 1957 年，这是该建筑物的具体属性值。每个建筑物都使用建筑物类中操作过程的程序代码，代入各自的属性值操作该对象。

3. 概括与继承

（1）超类与概括。在定义类型时，将几种类型中某些具有公共特征的属性和操作抽象出来，形成一种更一般的超类。设有以下两种类型：

$$\begin{cases} \text{Class}_1 = (\text{CID}_1, \ \text{CS}_A, \ \text{CS}_B, \ \text{CM}_A, \ \text{CM}_B) \\ \text{Class}_2 = (\text{CID}_2, \ \text{CS}_A, \ \text{CS}_C, \ \text{CM}_A, \ \text{CM}_C) \end{cases} \quad (6-3)$$

Class_1 和 Class_2 中都带有相同的属性子集 CS_A 和操作子集 CM_A，并且有 $\text{CS}_A \in \text{CS}_1$ 和 $\text{CS}_A \in \text{CS}_2$ 及 $\text{CM}_A \in \text{CM}_1$ 和 $\text{CM}_A \in \text{CM}_2$，因而将它们抽象出来，形成一种超类：

$$\text{Superclass} = (\text{SID}, \ \text{CS}_A, \ \text{CM}_A) \quad (6-4)$$

这里的 SID 为超类的标识号。在定义了超类以后，式（6-3）可表达为：

$$\begin{cases} \text{Class}_1 = (\text{CID}_1, \ \text{CS}_B, \ \text{CM}_B) \\ \text{Class}_2 = (\text{CID}_2, \ \text{CS}_C, \ \text{CM}_C) \end{cases} \quad (6-5)$$

子类与超类的关系是 is-a 的关系。例如，建筑物是饭店的超类，因为饭店也是建筑物。子类还可以进一步分类，如饭店类可以进一步分为餐馆、普通旅社、涉外宾馆、招待所等类型。所以一个类可能是某个或某几个超类的子类，同时又可能是几个子类的超类。

建立超类实际上是一种概括，避免了说明和存储上的大量冗余。但是式（6-5）还不足以描述 Class_1 和 Class_2 的状态和操作，它们需要结合式（6-4）中的 CS_A 和 CM_A 共同表达该对象。所以我们需要一种机制，在获取子类对象的状态和操作时，能自动得到它的超类的状态和操作。这就是面向对象方法中著名的模型工具——继承。

（2）继承。继承是一种服务于概括的工具。在概括的过程中，子类的某些属性和操作来源于它的超类。例如，饭店类是建筑物类的子类，它的一些操作，如显示和删除对象等，以及一些属性，如房主、地址、建筑日期等是所有建筑物公有的，所以仅在建筑物类中定义它们，然后遗传给饭店类等子类。在遗传的过程中，还可以将超类的属性和操作遗传给子类的子类。例如，可将建筑物类的一些操作和属性通过饭店类遗传给孙类——招待所类等。继承是一种有力的建模工具，它有助于进行共享说明和应用的实现，提供了对世界简明精确的描述。

继承分为单继承和多继承。单继承是指子类仅有一个直接的父类；多个继承允许多于一个的直接父类。式（6-4）和式（6-5）中实际上仅定义了一个超类。这种单个继承反映在前面所述的例子中，继承的路径是一棵倒向树。

多个继承的现实意义是一个子类的属性和操作可以抽象出几个其他子类所公有的属性和操作子集，建立一个以上的超类。例如：

$$\text{Class}_3 = (\text{CID}_3, \text{ CS}_A, \text{ CS}_B, \text{ CS}_C, \text{ CM}_A, \text{ CM}_B, \text{ CM}_C) \tag{6-6}$$

式中，CS_A，CS_B，CM_A，CM_B 分别与其他两种类型所公用，所以可以建立两个超类：

$$\begin{cases} \text{Superclass}_1 = (\text{SID}_1, \text{ CS}_A, \text{ CM}_A) \\ \text{Superclass}_2 = (\text{SID}_2, \text{ CS}_B, \text{ CM}_B) \end{cases} \tag{6-7}$$

显然，为了获得的全部信息和操作，需要继承 Superclass_1 和 Superclass_2 两个超类的状态说明和操作。

GIS 中经常遇到多个继承的问题。下面举例说明两个不同体系形成的多个继承。一个体系由交通线形成，另一个体系是以水系为主线。其中的运河具有两方面的特性，即人工交通线和河流；而可航行的河流也有两方面的特性，即河流和自然交通线。其他一些类型如高速公路和池塘仅属于其中某一个体系。

4. 联合、聚集与传播

（1）联合与组合对象。在定义对象时，将同一类对象中的几个具有部分相同属性值的对象组合起来，为了避免重复，设立一个更高水平的对象表示这些相同的属性值。例如，一个农户有两块农田，农田主使用同样的耕种方法，种植同样的庄稼，其中农田主、耕种方法和庄稼三个属性相同，因而可以组合成一个新的对象包含这三个属性，即假设：

$$\begin{cases} \text{Object}_1 = (\text{ID}_1, \text{ S}_A, \text{ S}_B, \text{ M}) \\ \text{Object}_2 = (\text{ID}_2, \text{ S}_A, \text{ S}_C, \text{ M}) \end{cases} \tag{6-8}$$

设立新对象包括 Object_1 和 Object_2。

$$\text{Object}_3 = (\text{ID}_3, \text{ S}_A, \text{ Object}_1, \text{ Object}_2, \text{ M}) \tag{6-9}$$

则原对象可修改为：

$$\begin{cases} \text{Object}_1 = (\text{ID}_1, \text{ S}_B, \text{ M}) \\ \text{Object}_2 = (\text{ID}_2, \text{ S}_C, \text{ M}) \end{cases} \tag{6-10}$$

式中，Object_1 和 Object_2 称为分子对象。

这里联合与概括的概念不同，概括是对类型进行抽象概括，而联合是对对象进行抽象联合。联合的另一个特征的分子对象应同属于一个类型。联合所得到的对象称为组合对象。分子对象与组合对象之间的关系是 member-of 的关系。

（2）聚集与复合对象。聚集有点类似于联合，但聚集是将几个不同特征的对象组合成一个更高水平的对象。每个不同特征的对象是该复合对象的一部分，它们有自己的属性描述数据和操作，这些是不能为复合对象所公用的，但复合对象可以从它们那里派生得到一些信息。它们与复合对象的关系是 parts-of 的关系。例如，房子从某种意义上说是一个复合对象，它由墙、门、窗和房顶组成。

应用数学术语，复合对象的描述如下：设有两种不同特征的分子对象为：

$$\begin{cases} \text{Object}_1 = (\text{ID}_1 , \ S_1 , \ M_1) \\ \text{Object}_2 = (\text{ID}_2 , \ S_2 , \ M_2) \end{cases} \tag{6-11}$$

它们组成新对象：

$$\text{Object}_3 = [\text{ID}_3 , \ S_3 , \ \text{Object}_1 (S_u) , \ \text{Object}_2 (S_v) , \ M_3] \tag{6-12}$$

式中，$S_u \in S_1$，$S_v \in S_2$。

从上式中可以看出，复合对象 Object_3 拥有自己的属性值和操作，仅是从分子对象中提取部分属性值，且一般不继承子对象的操作。

（3）传播。传播是作用于联合和聚集的工具，它通过一种强制性的手段将子对象的属性信息传播给复杂对象。就是说，复杂对象的某些属性值不单独存于数据库中，而是从它的子对象中提取或派生。例如，一个多边形的位置坐标数据，并不直接存于多边形文件中，而是存于弧段和节点的文件中，多边形文件仅提供一种组合对象的功能和机制，通过建立表达式，借助于传播的工具可以得到多边形的位置信息。

在联合和聚集的概念中，还有一种派生的信息。例如，一个县的人口可由关联的乡镇人口求和派生得到；一家旅社由客房、床位和职工人数等组成，而旅社的客房总数和职工总数可以从客房数据库和职员数据库中派生得到。这一概念可以保证数据库的一致性，因为独立的属性值仅存储一次，不会因数据库的更新而破坏它的一致性。

继承和传播工具为实现这种语义模型提供了有力的保证。它们分别用在不同的方面，继承是在概括中使用，而传播则作用于联合和聚集的结构；继承是以从上到下的方式，从一般类型到更详细的类型，而传播则以自下而上的方式提取或派生子对象的值；继承应用于类型方面，传播直接作用于对象；继承包括了属性和操作，而传播一般仅涉及属性值；继承一般是隐含的，系统提供一种机制，只要声明子类与超类的关系，超类的特征一般会自动遗传给它的子类，而传播是一种带强制性的工具，它需要在复杂对象显式定义它的每个子对象，并声明它需要传播哪些属性值。

第二节　空间数据的组织与索引

一、空间数据的组织

空间数据组织是指按照一定的方式和规则对数据进行整理、存储的过程。无论采用何种空间数据库管理系统，空间数据的组织方式均非常重要。

（一）图幅内空间数据的组织

1. 工作区

通常将一幅图或几幅图的范围当作一个工作单元或称工作区。在这个工作区范围内，包含了所有层的空间数据。工作区通常是以范围定义的。一个工作区下面可以包含多个逻辑层。

2. 逻辑层

如果一个工作区包含的内容很多，如所有地物类，这时为了显示、制图和查询方便，需要定义逻辑层。逻辑层可以任意定义，根据用户需要，一个逻辑层可以包含任意多个地物类，而且允许交叉，如河流可以被包含在水系层中，也可以包含在交通的逻辑层中。在这里空间数据的物理存储关系没有改变，仅是建立了一个对照表，每个逻辑层包含了那些指向地物类的指针。

3. 地物类

将类型相同的地物组合在一起，形成地物类。地物类型一般也是逻辑上的，即一个工作区通常包含多个地物类。至于地物类型编码所处的位置，不同的软件处理方法不同，ArcGIS 一般将地物类型的编码作为一个属性项，放在属性表中，而 GeoStar 等软件可将地物类型编码直接放在图形数据文件中，这样，根据地物类设置颜色、符号、分类显示，都不会牵涉属性数据文件，直接打开图形数据文件即可进行有关地物类的操作。相同地物类的地物一般具有相同的显示颜色、绘图符号等，并且它当且仅当属于一种几何类型，或是点状地物，或是线状地物，或是面状地物。有些软件将点状地物、线状地物、面状地物分为不同的数据文件，而有些软件将工作区中的所有地物（无论点、线、面），均由一个文件存储。

（二）图库的管理

图库管理即工程管理。从物理上说，每个工作区或工作层形成一个独立的工作单元，这在数据采集和处理时是非常必要的。但是在逻辑上，一个地区，或一个城市应该形成一个整体，即当作一个工程看待，用户可以在工程内任意开窗、放大、漫游、查询、分析和制图。这样涉及多个工作区的数据组织，也称海量数据管理。有时一个工程涉及几千个甚至上万个工作区。这是大型 GIS 软件的必备功能，海量数据管理的效率如何，也是衡量 GIS 软件优劣的重要指标之一。

工程管理一般是建立图幅索引，即通过工作区的范围建立二维空间索引，通过一个记录每个工作区范围的空间索引文件，就可以建立工程与工作区的关系。建立了这样的工作区索引文件以后，用户可以在工程界面下，开窗任意进入某一个或某几个工作区。

工程管理除了进行工作区索引以外，还要进行并发控制管理，例如，一般禁止多个用户对同一个工作区进行修改和编辑。这时作为工程管理要记录哪些工作区已经打开，并正在进行编辑，如有其他用户进入该工作区，则提出警告。随着工程管理能力的进一步加强，有些系统能将并发控制设置在空间对象一级，即允许多个用户对同一工作区进行编辑，但不允许对同一个空间对象进行编辑。

（三）数据库组织方式

1. 矢量数据组织

矢量数据组织主要关注如何对空间点、线、面等要素进行表达组织和有效存储。一般地，通过坐标的形式表示空间实体的几何形状，通过属性表的形式表示空间实体的属性特征，通过建立拓扑关系表示空间实体的空间关系。空间几何数据的组织主要关注如何对空间点、线、面等要素进行表达组织，进而进行有效存储。空间几何数据的组织大体可以分为两类：一类是 GIS 软件厂商自定义的几何数据组织形式，如 ESRI 的 shapefile 或者 MapInfo 的数据文件中几何要素的组织方式；另一类是采用国际相关标准的几何数据组织方式，如 OGC 简单要素模型（simple feature access），多数空间数据库产品的设计都参考了简单要素模型以提高互操作性。

在 GIS 中主流的对象—关系存储方案中，几何数据一般以自定义格式的二进制形式和其相关属性数据一起存储在关系表中，充分利用关系数据库的优点进行数据的管理查询，但是具体的数据库系统中关系表的组织方式也会因数据库软件不同而有所差异。矢量数据有两种基本的组织方式：简单数据模型和拓扑数据模型。简单数据模型仅记录空间坐标和属性信息，使用独立编码或者点位字典的方式进行几何数据的组织；而拓扑数据模型记录空间坐标与空间目标的拓扑关系，使用拓扑全显示或者部分显示的方式进行数据组织。目前 GIS 中广泛采用的对象关系数据库没有保存对象之间的拓扑关系。空间属性数据采用关系模型进行组织，空间几何数据使用对象进行表达，其组织方式多采用较为成熟的 OGC 简单要素模型。

基于预定义的空间要素模型，对象—关系数据库通过扩展的"对象"类型存储空间几何数据，即一个存储空间要素的关系表中用于存储几何数据的列的类型定义为对象。几何对象类型内部一般使用二进制块进行存储。实现空间要素类方法的程序代码和类的定义，作为数据库模型的一部分。用户对空间实体进行操作时，只作用于数据库中定义的空间对象，而不需要关心其内部组织。

当大型 GIS 图库工程管理、图幅工作区数据组织与数据库组织结合起来后，就会涉及无缝空间数据库管理的问题。数据缝隙可分为物理缝隙和逻辑缝隙。物理缝隙是地理空间的分离存储，本来连续的空间实体分离到不同的存储空间和存储单元中。例如，数据入库时，按图幅组织与存储空间几何数据，不同的图幅之间存在缝隙。逻辑缝隙是指逻辑上本身连续的地理实体不能以逻辑连续的方式呈现。例如，查询一条分布在多个图幅的河流信息，因为数据分幅存储而导致查询结果只是当前图幅的河流信息，所以，逻辑无缝一般要避免。相应地，无缝空间数据库可以包括以下两个层次的无缝。

第一层次是物理无缝：即数据本身的无缝，不进行分幅，将某区域内的地理数据统一存储在数据库中，实现空间数据库的物理无缝。如果原来数据已分幅，需要对原来图幅之间被分割开的对象进行几何合并和对应的属性合并，从而在存储空间数据时实现数据的非分割、非分幅存储。

第二层次是逻辑无缝：对于大区域的空间数据，不分幅直接进行存储，有时会带来客户端分析和显示的不便。在大型 GIS 图库工程管理中，仍可选择物理分幅，但需要保持逻辑上空间数据的无缝。

2. 栅格数据组织

栅格数据集的存储一般采用"金字塔层—波段—数据分块"的多级组织机制。影像金字塔是指在统一的空间参照下，根据用户需要以不同分辨率进行存储与显示，形成分辨率由粗到细、数据量由小到大的多层级数据结构。采用金字塔结构存放多种空间分辨率的栅格数据，统一分辨率的数据被组织在一个层内，不同分辨率的数据具有上下的垂直组织关系；越靠近顶层，数据的分辨率越低，数据量越小，只能反映原始数据的概貌；越靠近底层，数据的分辨率越高，数据量越大，更能反映原始详情。常用的建立金字塔的重采样方法有：最近邻法、双线性法和双三次卷积等，栅格数据集越大，创建金字塔所花费的时间也就越长。但是建立影像金字塔可以有效实现对影像数据的由粗到细、由整体到局部的快速漫游与浏览，为数据访问节省很多时间。

栅格数据在逻辑上可以划分成若干个层，物理上进行分层存储，如可见光全色影像数据，有 RGB 三个波段，以三个不同的层进行存储。此外，栅格数据在入库的时候，因为栅格数据量较大，所以常常采用数据分块（切片）的方式将数据切分成大小一致的瓦片进行分块存储。在分块之前用户可以指定分块大小，如将一幅影像以 256×256 的大小进行分块。对分片的很多小块影像，需要通过影像块在原始坐标系中的坐标位置建立每个分块影像和原始影像的映射关系，这样对用户在指定区域的数据请求，可以快速定位到分块影像，显著减少数据传输和客户端渲染的时间。

目前一些主流的对象—关系数据库系统也扩展支持栅格数据的存储，如 GeoRaster（Oracle Spatial 中用于存储和管理空间栅格数据的模块）、PostGIS 等。数据库系统一般会内置栅格数据对象类型，例如，GeoRaster 在存储栅格数据的关系表中有一列为该对象类型，该对象包含栅格数据的一些基本信息，如空间范围、波段信息、坐标系统等。对栅格数据的其他信息，如数据分块信息等，根据空间数据库预定义的关系模式进行存储。真正的栅格像元数据会在分块后以二进制块（BLOB）的形式存储在关系表中，并与栅格数据对象关联。不同空间数据库产品对栅格对象和关系表的定义会有不同，主要依赖于厂商的具体实现。但是空间数据库产品一般会提供用于操作栅格数据对象的函数或方法，通过这些内置的函数可以对栅格数据对象进行处理和操作。

二、空间数据的索引

空间数据索引是指依据空间对象的位置和形状或空间对象之间的某种空间关系，按一定的顺序排列的一种数据结构。空间索引机制是实现空间数据快速查询和检索的重要手段。图幅索引可以看成最粗一级的空间索引，它根据鼠标在工程中的空间位置，迅速地找到鼠标所在的工作区。但是如果工作区数据量较大，特别是用无缝的空间数据库管理整个工程的空间数据时，需要建立更细粒度的空间索引。当要查询某一个地物时，鼠标到底落到哪一个空间地物上，如果没有空间索引，就需要对整个工作区中的空间对象进行判别，包括：点与点的距离比较、点在线状地物上的判别，或点在多边形内的判别等一系列计算，这些计算一般比较复杂和费时。所以一般 GIS 软件系统，都在工作区内建立空间索引，对不分图幅的无缝空间数据库，需要在整个工程内建立空间索引。这样在图形的开窗、放大、漫游及进行各种从图形到属性的空间查询时能迅速找出所涉及的空间地物。

（一）对象范围索引

在记录每个空间对象的坐标时，记录每个空间对象的最大、最小坐标。这样，在检索空间对象时，根据空间对象的最大、最小范围，预先排除那些没有落入检索窗口内的空间对象，仅对那些最大、最小范围落在检索窗口的空间对象进行进一步的判断，最后检索出那些真正落入检索窗口内的空间对象。这种方法没有建立真正的空间索引文件，而是在空间对象的数据文件中增加了最大、最小范围一项，它主要依靠空间计算来进行判别。在这种方法中仍然要对整个数据文件的空间对象进行检索，只是有些对象可以直接判别，而有些对象则需要进行复杂计算才能判别，这种方法仍然需要花费大量的时间。但是随着计算机计算速度的加快，这种方法一般也能满足查询检索的效率要求。

（二） 空间格网索引

空间格网索引是指将工作区按照一定的规则划分成格网，然后记录每个格网内所包含的空间对象，最后对空间格网进行编码的一种空间数据索引方法。主要方法包括：基于 Peano 键的空间格网索引、GeoHash 索引等。

1. 基于 Peano 键的空间格网索引

为了便于建立空间索引的线性表，将空间格网按 Morton 码或称 Peano 键进行编码，建立 Peano 键与空间对象的关系。没有包含空间对象的格网，在索引表中没有出现该编码，即没有该条记录。如果一个格网中含有多个地物，则需要记录多个对象的标识。如果需要表格化，则需要使用串行指针将多个空间目标联系到一个格网内。

2. GeoHash 索引

GeoHash 索引是一种基于 B 树索引，结合了格网索引思想的空间索引算法。GeoHash 将空间位置编码为一串字符，通过字符串的比较可以得到空间的大致范围。这种编码方法起初被用于以唯一的 URL 标识地图上的点实体，而点坐标一般是以经纬度标识的，所以问题就转变为如何使用 URL 标识经纬度坐标。

对于 GeoHash 索引，需要明确三点：①GeoHash 编码值表示的并不是一个点，而是一个矩形区域，落在该矩形区域的所有点都可以用该编码表示；②字符串越长，表示的范围越精确，利用该特性可以进行邻近点的搜索；③GeoHash 将区域划分为一个个规则矩形，位于矩形边界两侧的两点，虽然十分接近，但编码会完全不同，因为它的编码方式从左上到右下突变时存在不连续的 "跳跃"。

（三） 二叉树空间索引

二叉树是每个节点最多有两个子节点的树结构。常见的基于二叉树的空间索引结构有二叉空间分割（BSP）树、KD 树等。

1. BSP 树

BSP 树采用二叉树索引思想将目标空间逐级一分为二进行划分。BSP 树能很好地与空间数据库中空间对象的分布情况相适应，但对一般情况而言，BSP 树深度较大，对各种操作均有不利影响，所以在 GIS 系统中采用 BSP 空间索引的并不多见。

2. KD 树

KD 树是 BSP 树向多维空间的扩展，是对数据点在 k 维空间中划分的一种数据结构，主要应用于多维空间关键数据的搜索，本质上，就是一种平衡二叉树。KD 树使用 k-1 维超平面把 k 维空间递归地分割成两部分。经典的 KD 树的构造规则如下。

（1）随着二叉树深度的增加，循环地选取坐标轴作为分割超平面的法向量。例如，对三维空间来说，根节点选取 x 轴作为分割平面，根节点的孩子节点选取 y 轴，孙子节点选取 z 轴，曾孙子节点选取 x 轴，这样循环下去。

（2）每次选取所有实例的中位数对应的实例作为切分点，切分点作为父亲节点，然后左右两侧如此递归地进行划分作为左右两棵子树。

（四）四叉树空间索引

四叉树有两种：一种是线性四叉树，另一种是层次四叉树。两种四叉树都可以用来进行空间索引。

对线性四叉树而言，先采用 Morton 编码（Peano 键），然后，根据空间对象覆盖的范围，进行四叉树的分割。线性四叉树只存储最后叶节点信息，包括叶节点的位置、大小和格网值。

层次四叉树的空间索引与线性四叉树基本类似，只是它需要记录中间节点和父节点到子节点之间的指针。除此之外，如果某个地物覆盖了哪一个中间节点，还要记录该空间对象的标识。

（五）R 树与 R+树空间索引

对象范围索引方法可以看成最原始的 R 树索引方法。每个目标都建立了一个范围，检索空间对象，仅检索范围与检索窗口有重叠的内容。R 树空间索引方法是把这一概念进一步引申，设计一些虚拟的矩形目标，将一些空间位置相近的目标包含在这个矩形内。这些虚拟的矩形作为空间索引，包含空间对象的指针。该矩形的数据结构为：RECT（Rectangle-ID，Type，Min-X，Max-X，Min-Y，Max-Y），矩形也有对象标识，Type 表示该矩形是虚拟空间对象还是实际的空间对象，Min-X，Max-X，Min-Y，Max-Y，表示最大或最小范围。

在构造虚拟矩形时，应遵循的原则为：①尽可能包含多的目标；②矩形之间尽可能少地重叠；③虚拟矩形还可以进一步细分，即可以再套虚拟矩形形成多级空间索引。

在进行空间数据检索时，首先判断哪些虚拟矩形落在检索窗口内，再进一步判断哪些目标是被检索的内容。这样可以提高检索速度。

在 R 树构造中，要求虚拟矩形一般尽可能少地重叠，而且一个空间对象通常仅被一个虚拟矩形所包含。实际上，这种情况是很难保证的。空间对象千姿百态，它们的最小矩形范围经常重叠，包含它们的虚拟矩形也难免有重叠。于是，基于 R 树索引，R+树为了平衡进行了一些改进，它允许虚拟矩形相互有重叠，并允许一个空间目标被多个虚拟矩形所包含。

第三节 空间数据库管理系统研究

"随着社会的不断进步，人们开始意识到空间数据的重要性。目前，国家的经济发展以及人们工作、生活等方面对空间数据的依赖越来越强"[1]，例如在城市规划、交通、金融系统，或者在各类设计（比如机械设备、建筑物、航空航天等）方面都发挥出巨大的作用。

一、文件与关系数据库混合管理系统

由于空间数据的特殊性，通用的关系数据库管理系统难以满足要求。因而，大部分GIS 软件采用混合管理的模式，即用文件系统管理几何图形数据，用商用关系数据库管理系统管理属性数据，它们之间的联系通过目标标识或者内部连接码进行连接。

在这种混合管理模式中，几何图形数据与属性数据相对独立地组织、管理与检索，通过 OID 作为连接关键字段。就几何图形而言，因为 GIS 采用高级语言编程，可以直接操纵数据文件，所以图形用户界面与图形文件处理是一体的，中间没有裂缝。但对属性数据来说，因系统和历史发展而异。早期系统由于属性数据必须通过关系数据库管理系统，图形处理的用户界面和属性的用户界面是分开的，它们只是通过一个内部码连接。导致这种连接方式的主要原因是早期的数据库管理系统不提供编程的高级语言的接口，只能采用数据库操纵语言。这样通常要同时启动两个系统（GIS 图形系统和关系数据库管理系统），甚至两个系统来回切换，使用起来很不方便。

随着数据库技术的发展，越来越多的数据库管理系统提供高级编程语言 C++或 Java 等接口，使地理信息系统可以在 C++等语言的环境下，直接操纵属性数据，并通过 C++语言的对话框和列表框显示属性数据，或通过对话框输入 SQL 语句，并将该语句通过 C++语言与数据库的接口，查询属性数据库，并在 GIS 用户界面下，显示查询结果。这种工作模式，并不需要启动一个完整的数据库管理系统，用户甚至不知道何时调用了关系数据库管理系统，图形数据和属性数据的查询与维护完全在一个界面之下。

在 ODBC（开放性数据库连接协议）推出之前，每个数据库厂商提供一套自己的与高级语言的接口程序，这样，GIS 软件商就要针对每个数据库开发一套与 GIS 的接口程序，所以往往在数据库的使用上受到限制。在推出了 ODBC 之后，GIS 软件商只要开发 GIS 与

---

①黄雅琼. 浅谈空间数据库管理系统的概念与发展趋势 [J]. 中国管理信息化, 2019, 22 (8)：165.

ODBC 的接口软件，就可以将属性数据与任何一个支持 ODBC 协议的关系数据库管理系统连接。无论是通过 C++还是 ODBC 与关系数据库连接，GIS 用户都是在一个界面下处理图形和属性数据，它比前面分开的界面要方便得多。这种模式称为混合处理模式。

采用文件与关系数据库管理系统的混合管理模式，还不能说明建立了真正意义上的空间数据库管理系统，因为文件管理系统的功能较弱，特别是在数据的安全性、一致性、完整性、并发控制以及数据损坏后的恢复方面缺少基本的功能。多用户操作的并发控制比起商用数据库管理系统来要逊色得多，因而 GIS 软件商一直在寻找采用商用数据库管理系统来同时管理图形和属性数据。

二、全关系型空间数据库管理系统

全关系型空间数据库管理系统是指图形和属性数据都用现有的关系数据库管理系统管理。关系数据库管理系统的软件厂商不作任何扩展，由 GIS 软件商在此基础上进行开发，使之不仅能管理结构化的属性数据，而且能管理非结构化的图形数据。一般地，用关系数据库管理系统管理图形数据有以下两种模式。

第一，基于关系模型的方式，图形数据都按照关系数据模型组织。这种组织方式由于涉及一系列关系连接运算，相当费时。由此可见，关系模型在处理空间目标方面的效率不高。

第二，将图形数据的变长部分处理成二进制块 BLOB 字段。大部分关系数据库管理系统都提供了二进制块的字段域，以适应管理多媒体数据或可变长文本字符。GIS 利用这种功能，通常把图形的坐标数据当作一个二进制块，交由关系数据库管理系统进行存储和管理。这种存储方式，虽然省去了前面所述的大量关系连接操作，但是二进制块的读写效率要比定长的属性字段慢得多，特别是涉及对象的嵌套时，速度更慢。

空间数据库引擎（SDE）是建立在现有关系数据库基础上的，介于 GIS 应用程序和空间数据库之间的中间件技术，它为用户提供了访问空间数据库的统一接口，是 GIS 数据统一管理的关键性技术。现有的 GIS 商业平台大都提供空间数据引擎产品，如 ESRI 的 ArcS-DE，并支持市场上主流的关系数据库产品。SDE 引擎本身不具有存储功能，它只提供和底层存储数据库之间访问的标准接口。SDE 屏蔽了不同底层数据库的差异，建立了上层抽象数据模型到底层数据库之间的数据映射关系，实现将空间数据库存储在关系数据库中并进行跨数据库产品的访问。根据底层数据库的不同，空间数据库引擎大多以两种方式存在：一种是面向对象—关系数据库，利用数据库本身面向对象的特性，定义面向对象的空间数据抽象数据类型，同时对 SQL 实现空间方面的扩展，使其支持空间 SQL 查询，支持空间数据的存储和管理；另一种面向纯关系型数据库，开发一个专用于空间数据的存储管理模块，以扩展普通关系数据库对空间数据的支持。

三、对象—关系空间数据库管理系统

因为直接采用通用的关系数据库管理系统的效率不高，而非结构化的空间数据又十分重要，所以许多数据库管理系统的软件商纷纷在关系数据库管理系统中进行扩展，使之能直接存储和管理非结构化的空间数据，如 Ingres、Informix 和 Oracle 等都推出了空间数据管理的专用模块，定义了操纵点、线、面、圆、长方形等空间对象的 API 函数。这些函数将各种空间对象的数据结构进行了预先的定义，用户使用时必须满足它的数据结构要求，不能根据 GIS 要求再定义。例如，这种函数涉及的空间对象一般不带拓扑关系，多边形的数据是直接跟随边界的空间坐标，那么 GIS 用户就不能将设计的拓扑数据结构采用这种对象—关系模型进行存储。这种扩展的空间对象管理模块主要解决了空间数据的变长记录的管理，因为这种模块由数据库软件商进行扩展，所以效率要比二进制块的管理高得多。

下面以 Oracle Spatial 为例研究对象—关系数据库产品的一些特性。Oracle Spatial 是基于 Oracle 数据库的扩展机制开发，用来存储、检索、更新和查询数据库中的空间要素集合及栅格数据等综合空间数据库管理系统。Oracle 支持自定义的数据类型，可以通过基本数据类型和函数创建自定义的对象类型。基于这种扩展机制，Oracle Spatial 通过提供一套完整的空间对象和操作函数为空间数据的存储和查询提供了一个完整的解决方案，其主要组成部分包括：①一种用于描述空间几何数据类型存储的语法和语义方案；②一种创建空间索引的机制；③一系列用于空间查询和分析的算子和函数，用于实现诸如空间链接查询、面积查询以及其他空间分析操作；④一组用于空间数据导入、导出以及管理的实用工具。概括来说，Oracle Spatial 主要通过元数据表、空间数据字段和空间索引来管理空间数据，并在此基础上提供一系列空间查询和分析的函数。

Oracle Spatial 对空间矢量数据采用分层存储的方案，即将一个地理空间分解为多个不同的图层，每个图层再被分解为若干几何实体，这些几何实体又被分解成点、线、面等基本元素。在 Oracle Spatial 中，使用 SDO_GEOMETRY 对象类型通过关系表的形式来存储每一层，该层中的每个空间实体都与表中的每一行记录对应。SDO_GEOMETRY 对象是 Oracle Spatial 的核心对象类型，所有的空间对象几何实体的描述都存储在关系表中的 SDO_GEOMETRY 字段中，然后通过元数据表来管理具有 SDO_GEOMETRY 字段的空间数据表。此外，Oracle 在 SDO_GEOMETRY 对象上采用 R 树索引或者四叉树索引技术来提高空间查询的速度。

四、面向对象空间数据库管理系统

面向对象模型最适用于空间数据的表达和管理，它不仅支持变长记录，而且支持对象的嵌套、继承与聚集。面向对象的空间数据库管理系统允许用户定义对象和对象的数据结构以及它的操作。这样，我们可以将空间对象根据 GIS 的需要，定义出合适的数据结构和一组操作。这种空间数据结构可以是不带拓扑关系的数据结构，也可以是拓扑数据结构。当采用拓扑数据结构时，往往涉及对象的嵌套、对象的连接和对象聚集。

表面上看，面向对象数据库对数据的存储类似于面向对象编程语言对于对象的序列化，但是不同的是，面向对象数据库支持对存储对象的增加、查询、更新和删除操作。使用面向对象数据库可以根据具体业务应用自定义类与对象，还可以与现有主流的面向对象的编程语言进行"无缝对接"，消除了在关系数据库中使用高级编程语言进行数据操作时的关系—对象映射，提高了数据读取效率。理论上，面向对象数据库不但支持对空间矢量数据的存储，还可以通过自定义类以支持对栅格数据的存储。

当前已经推出了一些面向对象数据库管理系统如 db4o、ObjectStore、Versant Object Database 等，一些学者也基于现有面向对象数据库和 GIS 数据模型和规范进行了空间数据存储的探索。但由于面向对象数据库管理系统还不够成熟，和关系数据库相比功能还比较弱，目前在 GIS 领域甚至主流的 IT 领域都还不太通用。相反，基于对象—关系的空间数据库管理系统在地理信息领域得到了广泛应用，已经成为 GIS 空间数据管理的主流模式。

五、新型空间数据库系统

随着 GIS 应用领域的不断扩展，以及研究和应用的不断深入，空间数据库研究得到 GIS 研究人员和计算机领域研究人员的广泛重视。一些新兴空间数据库系统不断涌现，如基于 NoSQL 的空间数据库系统、基于 GPU 的高性能空间数据库系统等。

NoSQL 是以互联网大数据应用为背景发展起来的分布式数据管理系统。起初，NoSQL 被解释为 Non-Relational，泛指非关系数据库系统。后来，随着一些 NoSQL 数据库产品开始支持类 SQL 的查询，而被解释为 Not Only SQL，即数据库管理技术不仅仅是 SQL。传统关系数据库基于关系模型组织管理数据，而 NoSQL 从一开始就针对大型集群而设计，支持数据自动分片，很容易实现水平扩展，具有良好的伸缩性。在分布式系统 CAP 理论的指导下，传统关系数据库对一致性的高要求（ACID 原则）导致可用性降低，而 NoSQL 数据库通过牺牲部分一致性达到高可用性（BASE 理论）。NoSQL 不使用关系数据模型，现有 NoSQL 数据库支持的数据模型多种多样，而且一般不需要事先为需要存储的数据建立模式（schema），可以随时存储自定义的数据格式，能很好地处理半结构和非结构化的大数据，相比关系数据库更加灵活。

一般地，根据其数据存储模型的不同，NoSQL 数据库系统大致分为：列簇存储、键值模型、文档模型和图模型等。

第一，列簇存储：使用列簇存储的数据库以列为单位存放数据，这些列的集合称为列簇。每一列中的每个数据项都包含一个时间戳属性，这样列中的同一个数据项的多个版本都可以进行保存。相对于关系数据库以行为单位进行数据储存，使用列存储，对大数据量的读取更加高效。

第二，键值模型：键值模型是最简单的 NoSQL 存储模型，该数据库会使用哈希表，数据以键值对的形式存放，一个或多个键值对应一个数据值。键值数据库操作简单，一般只提供最简单的 Get、Set、Delete 等操作，处理速度最快。

第三，文档模型：文档数据库将数据封装存储在 JSON 或 XML 等类型的文档中。文档内部仍然使用键值组织数据，一定程度上，可以看作键值模型的扩展。但是不同的是，数据项的值可以是基本数据类型、列表、键值对，以及层次结构复杂的文档类型。在文档数据库中，即使没有提前定义数据的文档结构，也可以进行数据的插入等操作。

第四，图模型：图模型基于图结构，使用节点、关系、属性三个基本要素存放数据之间的关系信息。在图论中，图是一系列节点的集合，节点之间使用边进行连接。节点用于保存实体对象的属性值，边用于描述各个实体之间的关系。该模型可以直观地表达和展示数据之间的关系，还支持图结构的各种基本算法。

在大数据背景下发展起来的 NoSQL 数据库没有统一的架构，基于不同的数据模式组织数据，但是它们具有一些共同特征：具有高扩展性，支持分布式存储，高性能，架构灵活，支持结构化、半结构化以及非结构化数据，运营成本低。同时相比关系数据库也有一些不足：没有标准化的数据模型和查询语言，查询功能有限，大部分不支持数据库事务等。用户应该根据自己的业务需求，合理选择合适的数据库以提高数据的存储效率。

第七章
地理信息系统空间数据的分析

第一节　空间数据查询及其方法

对空间对象进行查询和度量是地理信息系统最基本的功能之一。在地理信息系统中，为进行深层次分析，往往需要查询、定位空间对象，并用一些简单的量测值对地理分布或现象进行描述。

空间数据查询属于空间数据库的范畴，一般定义为从空间数据库中找出所有满足属性约束条件和空间约束条件的地理对象。查询的过程大致可分为三类：①直接复原数据库中的数据及所含信息，来回答人们提出的一些比较简单的"问题"；②通过一些逻辑运算完成一定约束条件下的查询；③根据数据库中现有的数据模型，进行有机的组合并构造出复合模型，模拟现实世界的一些系统的现象、结构和功能，来回答一些"复杂"的问题，预测一些事物的发生、发展的动态趋势。

空间数据的查询方式主要有两大类：即"属性查图形"和"图形查属性"。属性查图形，主要是用 SQL 语句来进行简单和复杂的条件查询。如在中国经济区划图上查找人均年收入大于 5000 元人民币的城市，将符合条件的城市的属性与图形关联，然后在经济区划图上高亮度显示给用户。图形查属性，可以通过点、矩形、圆和多边形等图形来查询所选空间对象的属性，也可以查找空间对象的几何参数，如两点间的距离、线状地物的长度及面状地物的面积等，这些功能一般的地理信息系统软件也都会提供。在实际应用中查找地物的空间拓扑关系非常重要，现在一些地理信息系统的软件也提供这些功能。

空间数据查询的内容很多，可以查询空间对象的属性、空间位置、空间分布、几何特征以及其他空间对象的空间关系。查询的结果可通过多种方式显示给用户，如高亮度显示、属性列表和统计图标显示等。

一、属性查询

属性查询是一种比较常见的空间数据查询。属性查询包括简单的属性查询和基于 SQL

语言的属性查询。

1. 简单的属性查询

最简单的属性查询是查找。查找不需要构造复杂的 SQL 命令，只要选择一个属性值，就可以找到对应的空间图形。

2. 基于 SQL 语言的属性查询

（1）SQL 查询

"SQL 是一种广泛用于关系数据库数据存取操作的领域程序语言"[①]，地理信息系统软件通常都支持标准的 SQL 查询语言。SQL 的基本语法为：

Select<属性清单>

From<关系>

Where<条件>

（2）扩展的 SQL 查询

地理信息系统的空间数据库空间（地理）目标作为存储集，与一般数据库最大的不同是它包含了"空间"（或几何）概念，而标准的 SQL 是标准的关系代数模型中的一些关系操作及组合，适用于表的查询与操作，但不支持空间概念和运算。因此为支持空间数据库的查询，需要在 SQL 上扩充谓词集，将属性条件和空间关系的图形条件组合在一起形成扩展的 SQL 查询语言。常用的空间关系谓词有相邻"adjacent"、包含"contain"、穿过"cross"和在内部"inside"、缓冲区"buffer"等。扩展的 SQL 查询语句，由数据库管理系统执行，就能得到满足条件的空间对象。

二、图形查询

图形查询是另一种常用的空间数据查询。一般的地理信息系统软件都提供这项功能，用户只需利用光标，用点选、画线、矩形、圆或其他不规则工具选中感兴趣的地物，就可以得到查询对象的属性、空间位置、空间分布以及对其他空间对象的空间关系。

1. 点查询

点查询是指用鼠标点击图中的任意一点，就可得到该点所代表的空间对象的相关属性。

2. 矩形或圆查询

按矩形框查询，给定一个矩形窗口，可以得到该窗口内所有对象的属性表。这种查询

---

①张健，李弋，彭鑫，等. 正反例归纳合成 SQL 查询程序［J］. 软件学报：2023（2）.

的检索过程比较复杂，往往要考虑是只检索包含在窗口内的空间对象，还是只要是该窗口涉及的对象无论是被包含还是穿过都要检索出来。

按圆形查询，给定一个圆，检索出该圆内的空间对象，可以得到空间对象的属性，其实现方法与矩形类似。

3. 多边形查询

给定一个多边形，检索出该多边形内的某一类或某一层空间对象。这一操作的工作原理与按矩形查询相似，但又比前者复杂得多。它涉及点在多边形内、线在多边形内以及多边形在多边形内的判别计算。

三、空间关系查询

空间关系查询包括拓扑关系查询和缓冲区查询。

在地理信息系统中对凡具有网状结构特征的地理要素，例如交通网和各种资源的空间分布等，存在节点、弧段和多边形之间的拓扑结构。空间数据的拓扑关系对地理信息系统的数据处理和空间分析，都具有非常重要的意义。拓扑数据比几何数据具有很大的稳定性，有利于空间要素的查询，如重建地理实体等。

1. 邻接关系查询

邻接查询可以是点与点的邻接查询、线与线的邻接查询，或是面与面的邻接查询。邻接关系查询还可以涉及与某个节点邻接的线状地物或面状地物信息的查询，例如，查找与公园邻接的限制空地，或者与洪水泛滥区相邻的居民区等。

2. 包含关系查询

包含关系查询可以查询某一面状地物所包含的某一类地物，或者查询某一地物的面状地物，被包含的地物可以是点状地物、线状地物或面状地物，例如某一区域内商业网点分布等。

3. 关联关系查询

关联关系查询是空间不同元素之间拓扑关系的查询，可以查询与某点状地物相关联的线状地物的相关信息，也可以查询与线状地物相关联的面状地物的相关信息，例如查询某一给定排水网络所经过的土地的利用类型，先得到与排水网络相关联的土地图斑，然后可以利用图形查询到各个土地图斑的属性。

第二节 矢量数据的空间分析

矢量数据模型把 GIS 数据组织成点、线、面几何对象的形式，是基于对象实体模型的计算机实现。常用的矢量数据空间分析方法包括缓冲区分析和网络分析等。

一、缓冲区分析

缓冲区分析的概念与缓冲区查询的概念不完全相同，缓冲区查询是不破坏原有空间目标的关系，只是检索得到该缓冲区范围内涉及的空间目标。缓冲区分析则不同，它是对一组或一类地物按缓冲的距离条件，建立缓冲区多边形图层，然后将这个图层与需要进行缓冲区分析的图层进行叠置分析，得到所需要的结果。所以实际上缓冲区分析涉及两步操作，第一步是建立缓冲区图层，第二步是进行叠置分析。下面主要讨论缓冲区图层的建立。

1. 点缓冲区

选择一组点状地物，或一类点状地物或一层点状地物，根据给定的缓冲区距离，形成缓冲区多边形图层。

2. 线缓冲区

选择一类或一层的线状空间地物，按给定的缓冲距离，形成线缓冲多边形。

3. 面缓冲区

选择一类或一层面状地物，按给定的缓冲区距离，形成缓冲区多边形。面缓冲区有外缓冲区和内缓冲区之分，外缓冲区仅在面状地物的外围形成缓冲区，内缓冲区则在面状地物的内侧形成缓冲区。当然也可以在面状地物的边界两侧均形成缓冲区。

4. 缓冲区的建立

从原理上说，缓冲区的建立相当简单：建立点缓冲区仅是以点状地物为圆心，以缓冲区距离为半径绘制圆即可；线状地物和面状地物缓冲区的建立也是以线状地物或面状地物的边线为参考线，作它们的平行线，再考虑端点圆弧，即可建立缓冲区。但是在实际处理中要复杂得多。按照常规算法建立的缓冲区，缓冲区之间往往出现重叠，缓冲区可能彼此相交。消除这种彼此相交现象的一种方法是在做参考线的平行线时考虑各种情况，自动切断彼此相交的弧段。另一种方法是对叠置的缓冲区多边形进行合并，并清除缓冲区内的相交弧段。

在建立缓冲区时，有时需要根据空间地物的不同特性，建立不同距离的缓冲区。例如，沿河流给出的环境敏感区的宽度应根据河流的类型而定；不同的工厂、飞机场和其他设施所产生的噪声污染，其影响的范围和在噪声源处的噪声级别并不一致。这时可以扩展属性表，给定一列用于存储不同的缓冲区距离。

二、网络分析

城市交通规划与管理、地下管网（如给排水、煤气）的管理和维护，以及电力、通信、有线电视等部门在应用 GIS 技术进行相应的系统管理与维护时，一个共同点就是其基础研究数据是由点和线组成的网状数据。那么，要全面地描述这些网状事物及其间的相互关系和内在联系就必须利用基于此类数据所进行的网络分析。

在数学领域内，网络分析的基础是图论和运筹学，它通过研究网络的状态以及模拟和分析资源在网络上的流动和分配情况，对网络结构及其资源等的优化问题进行研究。一般来说，它包括最佳路径、资源分配、结点或弧段的游历（旅行推销员问题、中国邮递员问题）以及最小连通树、最大（小）流等问题。在 GIS 中，网络分析则是依据网络拓扑关系（线性实体之间、线性实体与结点之间、结点与结点之间的连接、连通关系），通过考察网络元素的空间及属性数据，以数学理论模型为基础，对网络的性能特征进行多方面的分析计算。目前，网络分析在电子导航、交通旅游、城市规划管理以及电力、通信等各种管网管线的布局设计中发挥了重要的作用。

下面对 GIS 中常用的网络分析问题进行介绍。

1. 路径分析

路径分析是 GIS 最基本的功能，其核心是对最佳路径的求解。从网络模型的角度看，最佳路径的求解就是在指定网络的两节点之间找出一条阻抗强度最小的路径，其求解方法有几十种，而 Dijkstra 算法[①]被 GIS 广泛采用。

另一种路径分析功能是最佳游历方案的求解，包括弧段最佳游历方案和节点最佳游历方案。

第一，弧段最佳游历方案求解是给定一个边的集合和一个节点，使之由指定节点出发至少经过每条边一次而回到起始节点，图论中称为中国邮递员问题。

第二，节点最佳游历方案求解是给定一个起始节点、一个终止节点和若干中间节点，求解最佳路径，使之由起点出发遍历（不重复）全部中间节点而到达终点，也称旅行推销

---

①Dijkstra 算法：又叫狄克斯拉算法，由荷兰计算机科学家狄克斯特拉于 1959 年提出。此算法是从一个顶点到其余各顶点的最短路径算法，解决的是有权图中最短路径问题。

员问题，这是一个 NP 完全问题①，一般只能用近似解法求得近似最优解。较好的近似解法有基于贪心策略的最近点连接法、最优插入法，基于启发式搜索策略的分枝算法，以及基于局部搜索策略的对边交换调整法等。

2. 资源分配

资源分配也称定位与分配问题，它包括了目标选址和将需求按最近（这里的远近是按加权距离来确定的）原则寻找的供应中心（资源发散地或汇集地）两个问题。常用的算法是 P 中心点模型。

3. 连通分析

人们常常需要知道从某一结点或边出发能到达的全部结点或边。这一类问题称为连通分量求解。另一类连通分析问题是最少费用连通方案的求解，即在耗费最小的情况下使全部结点相互连通。连通分析对应图的生成树求解，通常采用深度优先遍历或广度优先遍历生成相应的树。最少费用求解过程就是生成最优生成树的过程，一般使用 Prim 算法或 Kruskal 算法。

4. 流分析

所谓流，就是资源在结点之间的传输。流分析的问题主要是按照某种优化标准（时间最少、费用最低、路程最短或运送量最大等）设计资源的运送方案。为了实施流分析，就要根据最优化标准的不同扩充网络模型，例如，把结点分为发货中心和收货中心，分别代表资源运送的起始点和目标点，这时发货中心的容量就代表待运送资源量，收货中心的容量就代表它所需要的资源量。弧段的相关数据也要扩充，如果最优化标准是运送量最大，就要设定边的传输能力；如果目标是使费用最低，则要为边设定传输费用等。网络流理论是它的计算基础。

第三节　栅格数据的空间分析

基于栅格数据的空间分析方法是空间分析的重要内容之一。栅格数据由于其自身数据结构的特点，在数据处理与分析中通常使用线性代数的二维数字矩阵分析法作为数据分析的数学基础。栅格数据的空间分析方法具有自动分析处理较为简单、分析处理模式化很强的特点。栅格数据空间分析方法包括叠置分析和追踪分析等。

①NP 完全问题：NP（Non-deterministic Polynomial）问题，即多项式复杂程度的非确定性问题。

一、栅格数据的叠置分析

栅格数据的叠置分析是针对两个或者多个栅格图层，进行逻辑判断复合运算、数学复合运算等。

1. 逻辑判断复合运算

逻辑判断复合运算也叫作布尔运算，主要包括逻辑与（and）、逻辑或（or）、逻辑异或（xor）、逻辑非（not）。它们是基于布尔运算来对栅格数据进行判断的。若判断为"真"，则输出结果为1；若为"假"，则输出结果为0。具体包括以下四种逻辑运算。

（1）逻辑与（and）：比较两个或两个以上栅格数据层，如果对应的栅格值均为非0值，则输出结果为真（赋值为1），否则输出结果为假（赋值为0）。

（2）逻辑或（or）：比较两个或两个以上栅格数据层，对应的栅格值中只要有一个或一个以上为非0值，则输出结果为真（赋值为1），否则输出结果为假（赋值为0）。

（3）逻辑异或（Xor）：比较两个或两个以上栅格数据层，如果对应的栅格值的逻辑真假互不相同，即一个为0，一个为非0，则输出结果为真，赋值为1；否则，输出结果为假，赋值为0。

（4）逻辑非（Not）：对一个栅格数据层进行逻辑"非"运算，如果栅格值为0，则输出结果为1；如果栅格值为非0，则输出结果为0。

2. 数学复合运算

数学复合运算是指不同层面的栅格数据逐网格按一定的数学法则进行运算，从而得到新的栅格数据系统的方法。其主要类型有以下两种。

（1）算术运算

栅格数据的算术运算指两层以上的栅格数据层对应的网格值经加、减等算术运算，得到新的栅格数据系统的方法。这种复合分析法被广泛应用于地学综合分析、环境质量评价、遥感数字图像处理等领域。

（2）函数运算

栅格数据的函数运算指两个以上层面的栅格数据系统，以某种函数关系作为复合分析的依据进行逐网格运算，从而得到新的栅格数据系统的过程。这种复合叠置分析方法被广泛地应用于地学综合分析、环境质量评价、遥感数字图像处理等领域。类似这种分析方法在地学综合分析中具有十分广泛的应用前景。只要得到对某项事物关系及发展变化的函数关系式，便可以完成各种人工难以完成的极其复杂的分析运算。这也是目前信息自动复合叠加分析法得到广泛应用的原因。

二、栅格数据的追踪分析

栅格数据的追踪分析是指对特定的栅格数据系统，由某一个或多个起点，按照一定的追踪线索进行目标追踪或者轨迹追踪，以便进行信息提取的空间分析方法。

追踪分析方法在扫描图件的矢量化、利用数字高程模型自动提取等高线、污染水源的追踪分析等方面发挥着十分重要的作用。

第四节 三维数据的空间分析

三维空间分析实际上是对 x，y 平面的第三维变量的分析。第三维变量可能是地形，也可能是降雨量、土壤酸碱度等变量。空间分析算法主要是针对地形，但有些也可以适用于其他方面，如趋势面用于降雨量分析等。

一、趋势面分析

空间趋势反映的是空间物体在空间区域上的变化的主体特征，因此它忽略了局部的变异以揭示总体规律。描述空间趋势是相当困难的，从理论上讲，空间梯度均值可以作为描述空间趋势的一个参数，但因其不能从空间的角度反映趋势，所以在实际应用当中很少使用。趋势面是揭示面状区域上连续分布现象空间变化规律的理想工具，也是实际当中经常使用的描述空间趋势的主要方法。经过适当的预处理，非连续分布的现象在面状区域上的空间趋势亦可以用趋势面来描述。

趋势面分析根据空间的抽样数据，拟合一个数学曲面，用该数学曲面来反映空间分布的变化情况。在数学上，趋势面分析问题实际上就是曲面拟合问题，而在应用上又必然考虑两方面的问题：一是数学曲面类型（数学表达式）的确定，二是拟合精度的确定。

数学曲面类型的确定取决于两个因素：①对空间分布特征的认识，对于在空间域上具有周期性变化特征的空间分布现象，从理论上说宜选用一个周期函数作为数学表达式，但这在地理数据分析中使用得并不多，一般情况下多选用多项式函数来作为数学表达式；②求解上的可行性和便利性，目前趋势面的求解均采用最小二乘方法，一般来说只有线性表达式以及可转化为线性的表达式方可求解，其他表达式的求解则相当困难。趋势面的拟合精度具有特殊性，它并不要求有很高的拟合精度，相反，过高的拟合精度会因数学曲面过于逼近实际分布曲面而难以反映分布的主体特征，达不到描述空间趋势的目的。趋势面分析将空间分布划分为趋势面部分和偏差部分，趋势面反映总体变化，受大范围系统性的因素控制。在采用多项式的趋势面分析中，可通过改变多项式的次数来控制拟合精度，以达到满意的分析结果。

二、体积计算

所谓体积，通常是指空间曲面与一基准平面之间的空间的体积，在绝大多数情况下，基准平面是一个水平面。基准平面的高度不同，尤其当高度上升时，空间曲面的高度可能低于基准平面，此时出现负的体积。在对地形数据的处理中，当体积为正时，工程中称为"挖方"，体积为负时，称为"填方"（图7-1[①] 中的阴影部分）。

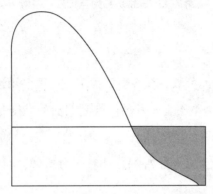

图7-1　"挖方"与"填方"

体积的计算通常也是采用近似方法。由于空间曲面表示方法的差异，近似计算的方法也不一样，以下我们仅给出基于正方形格网和三角形格网的体积计算方法。其基本思想均是以基底面积（三角形或正方形）乘以格网点曲面高度的均值，区域总体积是这些基本格网的体积之和。

图7-2（a）是基于三角形格网的情况，其基本格网上的体积计算公式为：

$$V = S_A(h_1 + h_2 + h_3) / 3 \qquad (7-1)$$

其中 S_A 是基底格网三角形 A 的面积。图7-2（b）是基于正方形格网的情况，其体积计算公式为：

$$V = S_A(h_1 + h_2 + h_3 + h_4) / 4 \qquad (7-2)$$

式（7-1）给出的是相对于分块三角网曲面插值（线性插值）时的体积的精确值，而式（7-2）给出的则是近似值，因为正方形格网上无法进行平面插值。当要得到更加精确的体积时，需要进一步内插格网，格网越细，越容易逼近"精确值"。

①本节图片均引自龚健雅. 地理信息系统基础［M］. 2版. 北京：科学出版社，2019：249-250.

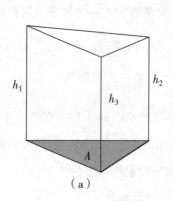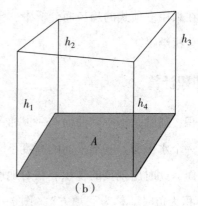

（a）　　　　　　　　　　（b）

图 7-2　三角形格网与正方形格网

三、坡度计算

坡度是地形描述中常用的参数，在各类工程中亦有很多用途，如农业土地开发中，坡度大于 25° 的土地一般被认为是不宜开发的。空间曲面的坡度是点位的函数，除非曲面是一平面，否则曲面上不同位置的坡度是不相等的。给定点位的坡度是曲面上该点的法线方向 N 与垂直方向 Z 之间的夹角 α（图 7-3），由数学分析知，对曲面 $Z=f(x, y)$，给定点 (x_0, y_0, z_0) 的切平面方程为：

$$f_x(x_0, y_0)(x - x_0) + f_y(x_0, y_0)(y - y_0) - (z - z_0) = 0 \tag{7-3}$$

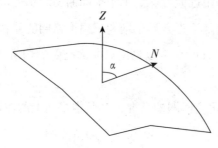

图 7-3　坡度

该点的法线方程为：

$$f_x^{-1}(x_0, y_0)(x - x_0) + f_x^{-1}(x_0, y_0)(y - y_0) = -(z - z_0) \tag{7-4}$$

其方向数为 $f_x(x_0, y_0)$，$f_y(x_0, y_0)$ 和 -1，而垂直方向 Z 的方向数为 0，0，1，则有：

$$\cos\alpha = \frac{1}{\sqrt{f_x^2(x_0, y_0) + f_y^2(x_0, y_0) + 1}} \tag{7-5}$$

则：

$$\alpha = \text{arcos}\left[f_x^2(x_0, y_0) + f_x^2(x_0, y_0) + 1\right]^{-\frac{1}{2}} \tag{7-6}$$

由坡度的概念知 $0° \leqslant \alpha \leqslant 90°$，故由式（7-5）比较容易确定坡度值。对于特殊的应用场合，例如，对 $Z = a_0 + a_1 x + a_2 y$（三角形格网上的曲面拟合），其三角形格网单元上的曲面为一平面，平面上的坡度处处相等，可以直接计算如下：

$$\alpha = \arccos(a_1^2 + a_2^2 + 1)^{-\frac{1}{2}} \tag{7-7}$$

实际工作中，点上的坡度并无多大用处，通常总是计算基本格网单元上的平均坡度。平均坡度的计算可以通过计算若干点位上的坡度，然后取其平均值进行。但更常用的方法是在基本格网单元上用最小二乘逼近的方法拟合一平面，然后以式（7-7）计算平均坡度。

在三角形格网上，最小二乘逼近的平面与插值方法的平面是一致的，因为已知数据点与平面方程的待定系数个数相等。

坡度计算的另一类方法是基于矢量数据的算法，它直接根据数据点值来进行计算。这类算法的原理是基于早在 20 世纪 50 年代就由地图学家伏尔科夫提出的等高线计算方法。该方法定义地表坡度为：

$$\tan\alpha = h \sum l / P \tag{7-8}$$

式中：P 为测区面积；$\sum l$ 为测区等高线总长度；h 为等高距。

显然，该方法求出的是一个区域内坡度的均值，前提是量测区域内等高距相等。但对测区较大或等高距不等时，用式（7-8）计算坡度便具有较大误差，这时可采用该方法的一种变通方法，即一种基于统计学理论的方法。该方法是基于地图上地形坡度越大等高线越密，反之，坡度越小等高线越稀这一地形地貌表示的基本逻辑，将所研究的区域划分为 $m \times n$ 个矩形子区域（格网），计算各子区域内等高线的总长度，再根据回归分析的方法统计计算出单位面积的内等高线长度值与坡度值之间的回归模型，然后将等高线的长度值转换成坡度值。这种算法的最大优点是可操作性强，且不受数据量的限制，能处理海量数据。

四、剖面计算

研究地形剖面，可以以线代面，概括研究区域的地势、地质和水文特征，包括区域内的地貌形态、轮廓形状、绝对与相对高度、地质构造、斜坡特征、地表切割强度和侵蚀因素等。如果在地形剖面上叠加表示其他地理变量，如坡度、土壤、岩石抗蚀性、植被覆盖类型、土地利用现状等，可以为大地侵蚀速度研究、农业生产布局的立体背景分析、土地利用规划，以及工程决策（如工程选线和位置选择）等提供参考。

下面主要介绍自动绘制地形剖面图和各种类型综合剖面图的方法，包括任意地形剖面的内插算法，剖面上地理变量的自动叠加和表示，以及剖面图的解释和应用。地形剖面图的自动绘制和表示是区域栅格数据的应用内容之一，是地理信息系统分析工具的组成部分，它为处理区域地理数据和分析地区性条件提供了一种有效的研究手段。

在某数字高程模型（DEM）设置剖面线的起始点和终止点，设定剖面线。地形剖面线的生成方法包括：基于规则格网（grid）的方法、基于不规则三角网（TIN）的方法。

1. 基于规则格网的剖面线生成算法

第一，确定剖面线的起止点：由坐标确定，或用鼠标在三维场景中选择决定。

第二，计算剖面线与经过网格的所有交点，内插出各交点的坐标和高程，将交点按离起始点的距离排序。

第三，顺序连接相邻交点，得到剖面线。

第四，选择一定的垂直比例尺和水平比例尺，以离起始点的距离为横坐标，以各点的高程值为纵坐标绘制剖面图。

2. 基于不规则三角网的剖面线生成方法

第一，用剖面所在的直线与 TIN 中的三角面的交点得到剖面线。

第二，先利用 TIN 中各三角形构建的拓扑关系快速找到与剖面线相交的三角面，再进行交点的计算，这样可以提高运算速度。

第三，最后以距离起始点的距离为横坐标，以各点的高程值为纵坐标绘制剖面图。

五、可视性分析

可视性分析也称通视分析，属于对地形进行最优化处理的范畴，如设置雷达站、电视台的发射站、道路选择、航海导航等，在军事上如布设阵地（如炮兵阵地、电子对抗阵地）、设置观察哨所、铺架通信线路等。

可视性分析的基本因子有两个：一个是两点之间的可视性，另一个是可视域，即对于给定的观察点所覆盖的区域。

（一）判断两点之间可视性的算法

比较常见的一种算法基本思路如下。

第一，确定过观察点和目标点所在的线段与 XY 平面垂直的平面 S。

第二，求出地形模型中与 S 相交的所有边。

第三，判断相交的边是否位于观察点和目标点所在的线段上，如果有一条边在其上，则观察点和目标点不可视。

另一种算法是"射线追踪法"。这种算法的基本思想是对给定的观察点 V 和某个观察方向，从观察点 V 开始沿着观察方向计算地形模型中与射线相交的第一个面元，如果这个面元存在，则不再计算。显然这种方法既可用于判别两点相互间是否可视，又可以用于限定区域的水平可视计算。

以上两种算法对基于规则格网地形模型和基于 TIN 模型的可视分析都适用。对基于等高线的可视分析，适宜使用前一种方法。

对线状目标和面状目标，则需要确定通视部分和不通视部分的边界。

（二）计算可视域的算法

计算可视域的算法对规则格网 DEM 和基于 TIN 的地形模型有所区别。基于规则格网 DEM 的可视域算法在 GIS 分析中应用较广。在规则格网 DEM 中，可视域经常以离散的形式表示，即将每个格网点表示为可视或不可视，这就是所谓的"可视矩阵"。

计算基于规则格网 DEM 的可视域，一种简单的方法就是沿着视线的方向，从视点开始到目标格网点，计算与视线相交的格网单元（边或面），判断相交的格网单元是否可视，从而确定视点与目标视点之间是否可视。显然这种方法存在大量的冗余计算。总体来说，由于规则格网 DEM 的格网点一般都比较多，相应的时间消耗比较大。针对规则格网 DEM 的特点，比较好的处理方法是采用并行处理。

基于 TIN 地形模型的可视域计算一般通过计算地形中单个的三角形面元可视的部分实现。实际上基于 TIN 地形模型的可视域计算与三维场景中的隐藏面消去问题相似，可以将隐藏面消去算法加以改进，用于基于 TIN 地形模型的可视域计算。这种方法在最复杂的情形下，时间复杂度为 $O(n^2)$。各种改进的算法基本都是围绕提高可视分析的速度展开的。

（三）可视性分析的基本用途

可视性分析最基本的用途可以分为以下三种。

1. 可视查询

可视查询主要是指对给定的地形环境中的目标对象（或区域），确定从某个观察点观察，该目标对象是可视还是某一部分可视。可视查询中，与某个目标点相关的可视只需要确定该点是否可视即可。对非点目标对象，如线状、面状对象，则需要确定某一部分可视或不可视。由此，也可以将可视查询分为点状目标可视查询、线状目标可视查询和面状目标可视查询等。

2. 地形可视结构计算

地形可视结构计算，即可视域的计算。地形可视结构计算主要是针对环境自身而言，计算对于给定的观察点，地形环境中通视的区域及不通视的区域。地形环境中基本的可视结构就是可视域，它是构成地形模型中相对于某个观察点的所有通视的点的集合。利用这些可视点，即可以将地形表面可视的区域表示出来，从而为可视查询提供丰富的信息。

3. 水平可视计算

水平可视计算是指对地形环境给定的边界范围，确定围绕观察点所有射线方向上距离观察点最远的可视点。水平可视计算是地形可视结构计算的一种特殊形式，但它在一些特殊领域中有着广泛的应用，而且需要的存储空间很小。

（四）与可视性分析相关的应用问题

一般可将与数字高程模型问题有关的可视性应用分为以下三个方面。

1. 观察点问题

比较典型的观察点问题是在地形环境中选择数量最少的观察点，使地形环境中的每一个点，至少有一个观察点与之可视，如配置哨位问题、设置炮兵观察哨、配置雷达站等问题。作为这类问题的延伸的一种常见问题，就是对给定的观察点数目（甚至给定观察点高程），确定地形环境中可视的最大范围。

另一类问题就是与单个观察点相关的问题。如确定能通视整个地形环境的高程值最小的观察点问题，或者给定高程，查找能通视整个地形环境的观察点。这方面的例子如森林烽火塔的定位、电视塔的定位、旅游塔的定位等。

2. 视线通信问题

视线通信问题就是对给定的两个或多个点，找到一个可视网络，使可视网络中任意两个相邻的点之间可视。这类问题一般应用在微波站、广播电台、数字数据传输站点等网络的设计方面。

另一种形式是对给定的两个点，确定能使两个点之间任意相邻点可视的中间点的最小数目，如通信线路的铺设问题等，这种形式一般被称为"通视图"问题。

3. 表面路径问题

路径问题是指地形环境中与通视相关的路径设置问题。如对给定两点和预设的观察点，求出给定两点之间的路径中，从预设观察点观察，没有一个点可通视的最短路径。

相反的一种情况，即为找到每一个点都通视的最短路径。

（五）基于 GIS 的可视性分析

在实际应用中，人们常常面临这样一个事实：在确定某一与可视性分析有关的问题时，常常需要大量的外部因素条件，而不仅仅是地形因素。例如，为了确定电视塔的最佳位置，除地形因素外，还需要考虑地质、地理位置、社会经济条件（如不能修建在文物古迹处、繁华的商业区中等）及其他条件（如不能修建在军事禁地等）。对这样复杂的应用，显然仅仅依靠 DEM 是无法完成的。一种较好的方法是利用 GIS 中的数据库，辅助数字高程模型进行可视性分析，这样得到的结果是令人满意的。

基于 GIS 的观察位置自动确定这类问题的解决步骤可归纳如下。

1. 采集一定格网的 DEM 数据

根据不同的具体情况可采用不同的采集方式，如可直接利用解析测图仪立体切准或先测等高线后进行转化；可使用数字摄影测量直接或交互式地获取 DEM；可对现有地图进行扫描矢量化，然后转化为格网 DEM 等。

2. 建立 GIS 数据库

建立 GIS 数据库包括各种资料的输入，如地形数据、地质数据、经济数据、社会数据、规划数据等。

3. 建立合理的数学模型

（1）根据具体情况建立合适的数学模型。如在确定电视塔的定位时，由于电磁波以其辐射源为中心，以球面波的方式向各个方向传播，在传播的过程中必然有衰减效应，如何建立合适的模型来顾及这种情况等。

（2）在综合考虑时需建立分析模型，如线性回归模型、多元统计模型、加权统计模型、条件统计模型、系统动力学、模糊综合评判模型等。实际应用中采用其中的一个或几个模型的组合。

4. 获取 GIS 数据库中的知识

从数据库中发现知识是一项复杂困难但又极具广阔前景和挑战性的技术。从 GIS 数据库中可以发现的主要知识类型包括：普通的几何和属性知识、空间分布规律、空间关联规则、空间聚类规则、空间特征规则、空间分区规则、空间演变规则、面向对象的知识等。

可采用的知识发现方法包括统计方法、归纳方法、聚类方法、空间分析方法、探测性分析、Rough 集方法等。对一般的应用，从 GIS 数据库中获取的主要是属性信息。由于目前一般 GIS 采用关系数据库来管理属性数据库，故可通过对关系数据库获取数据的方法来获得 GIS 数据库中的知识。

5. 专业人员辅助进行或对各种反馈的数据进行分析

如某些要素权重的配置是否合适，可视的区域覆盖率（指当某一位置被确定后，从该位置出发，可以"看"到的区域表面积占整个范围的百分比率）是否合理，在一定的投资条件下对位置确定有何影响，在某种特殊条件下（比如必须达到 90% 的覆盖率）的需求等。

6. 人工交互干预，对信息进行反馈

当发现选择的位置达不到预想的要求时，或者发现由于对某些因素的过轻或过重的考虑而导致不合理的结果时，要进行重新调整，重新计算。

第五节　空间数据的统计分析

空间统计分析主要用于数据分类和综合评价。数据分类方法是地理信息系统重要的组成部分，综合评价模型是区划和规划的基础。

分类和评价的问题通常涉及大量的相互关联的地理因素，主成分分析方法可以从统计意义上将各影响要素的信息压缩到若干合成因子上，从而使模型大大简化。因子权重的确定是建立评价模型的重要步骤，权重设置的正确与否极大地影响着评价模型的正确性，而通常的因子权重确定依赖较多的主观判断。层次分析法是综合众人意见，科学地确定各影响因子权重的简单而有效的数学手段。隶属度反映因子内各类别对评价目标的不同影响，依据不同因子的变化情况确定，常采用分段线性函数或其他高次函数形式计算。

常用的分类和综合的方法包括聚类分析和判别分析两大类。聚类分析可根据地理实体之间影响要素的相似程度，采用某种与权重和隶属度有关的距离指标，将评价区域划分若干类别；判别分析类似于遥感图像处理的分类方法，即根据各要素的权重和隶属度，采用一定的评价标准将各地理实体判归最可能的评价等级或以某个数据值所示的等级序列上。分类定级是评价的最后一步，将聚类的结构根据实际情况进行合并，并确定合并后每一类的评价等级，对判别分析的结果序列采用等间距或不等间距的标准划分为最后的评价等级。

下面简要介绍分类评价中常用的四种统计分析方法。

一、主成分分析

地理问题往往涉及大量相互关联的自然和社会要素，众多的要素常常给模型的构造带来很大困难，同时也增加了运算的复杂性。为使用户易于理解和解决现有存储容量不足的问题，有必要减少某些数据而保留最必要的信息。由于地理变量中许多变量通常都是相互关联的，就有可能按这些关联关系进行数学处理达到简化数据的目的。主成分分析是通过

统计分析，求得各要素之间线性关系的实质上有意义的表达式，将众多要素的信息压缩表达为若干具有代表性的合成变量，然后选择信息最丰富的少数因子进行各种聚类分析，构造应用模型，这就克服了变量选择时的冗余和相关。

设有 n 个样本，p 个变量。将原始数据转换成一组新的特征值——主成分，主成分是原变量的线性组合且具有正交特征，即将 x_1，x_2，$\cdots$，x_p 综合成 m（$m<p$）个指标 z_1，z_2，$\cdots$，z_m，即：

$$z_1 = l_{11} \times x_1 + l_{12} \times x_2 + \cdots + l_{1p} \times x_p$$
$$z_2 = l_{21} \times x_1 + l_{22} \times x_2 + \cdots + l_{2p} \times x_p$$
$$\vdots \tag{7-9}$$
$$z_m = l_{m1} \times x_1 + l_{m2} \times x_2 + \cdots + l_{mp} \times x_p$$

这样决定的总和指标 z_1，z_2，$\cdots$，z_m 分别称作原指标的第一，第二，……，第 m 主成分。其中 z_1 在总方差中占的比例最大，其余主成分 z_2，z_3，$\cdots$，z_m 的方差依次递减。在实际工作中常挑选前几个方差比例最大的主成分，这样既减少了指标的数目，又抓住了主要矛盾，简化了指标之间的关系。

从几何上看，确定主成分的问题，就是找 p 维空间中椭球体的主轴问题，从数学上容易得到它们是 x_1，x_2，$\cdots$，x_p 的相关矩阵中 m 个较大特征值所对应的特征向量，通常用雅可比法计算特征值和特征向量。

显然，主成分分析这一数据分析技术是把数据减少到易于管理的程度，也是将复杂数据变成简单类别便于存储和管理的有力工具。

二、层次分析

层次分析法是系统分析的数学工具之一，它把人的思维过程层次化、数量化，是用数学方法为分析、决策、预报或控制提供定量的依据。事实上这是一种定性和定量分析相结合的方法。在模型涉及大量相互关联、相互制约的复杂因素的情况下，各因素对问题的分析有着不同的重要性，决定它们对目标重要性的序列，对建立模型十分重要。

层次分析方法把相互关联的要素按隶属关系分为若干层次，请有经验的专家对各层次各因素的相对重要性给出定量指标，利用数学方法综合专家意见给出各层次各要素的相对重要性权值，作为综合分析的基础。

下面以假期选择旅游地为例，介绍层次分析法的步骤。

第一，将决策问题分为三个层次，最上层为目标层，即选择旅游地，最下层为方案层，有 P_1、P_2、P_3 个供选地点，中间层为准则层，有景色、费用、居住、饮食、旅途五个准则。

第二，通过相互比较确定各准则对目标的权重，及各方案对每一准则的权重。这些权重在人的思维过程中是定性的，而在层次分析法中则要给出得到权重的定量方法。

第三，将方案层对准则层的权重及准则层对目标层的权重进行综合，最终确定方案层对目标层的权重。在层次分析法中要给出进行综合的计算方法。这也是层次分析法中至关重要的一步，是层次分析法的核心。

三、系统聚类分析

地理学研究的因子是多种多样的，在地理环境的演化过程中，各自所起的作用以及相互影响的程度、相似程度都有很大差别，这就需要对地理因素、地理区域进行科学分类，这就是聚类分析。聚类分析有如下操作：

1. 数据处理

在地理分区研究中，被聚类对象常常是多要素构成的，不同要素的数据往往具有不同的单位和量纲，为此在聚类分析前，必须对数据进行处理。

数据处理的目的就是将数据的单位统一化，以便聚类分析时使用。数据处理方法一般有总和标准差标准化、极差标准化。

2. 聚类分析统计量的选择和计算

聚类分析的统计量是表示数据之间差异性和相似程度的特征值，主要有两类：相似系数和距离系数。

相似系数是表示地理数据相似程度的测度指标，常用的有夹角余弦和相关系数。

距离系数表示各点之间的相似性和亲疏程度，常用的距离系数有绝对距离、欧氏距离、明科夫斯基距离。选择不同的距离进行聚类分析时聚类结果会有一定的差异。在地理分区或分类研究中，往往采用集中距离进行计算对比，选择一种合适的距离进行聚类。最常见、最直观的距离是欧几里得距离，其定义如下：

$$D_{ij} = \left\{ \left[\sum_{k=1}^{m} (x_{ik} - x_{jk})^2 \right] / m \right\}^{\frac{1}{2}} \tag{7-10}$$

依次求出任何两点之间的距离系数以后，则可以形成一个距离矩阵。

3. 选择合适的聚类方法进行聚类分析

有了前两步的数据准备就可以选择聚类方法进行聚类分析了。聚类方法有直接聚类法、最短距离聚类法、最远距离聚类法、重心法、中线法、组平均法等，常用的是前三种，最后得到一张聚类图。不同的聚类方法得到的聚类图不一致，实际工作中，应根据经验选择符合实际的分类方法进行聚类分析。

四、判别分析

判别分析与聚类分析同属分类问题，所不同的是，判别分析是预先根据理论与实践确定等级序列的因子标准，再将待分析的地理实体安排到序列的合理位置上的方法，对诸如水土流失评价、土地适宜性评价等有一定理论根据的分析系统定级问题比较适用。

判别分析依其判别类型的多少与方法的不同，可分为两类判别、多类判别和逐步判别等。

通常在两类判别分析中，要求根据已知的地理特征值进行线性组合，构成一个线性判别函数 Y，即：

$$Y = c_1 \times x_1 + c_2 \times x_2 + \cdots + c_m \times x_m = \sum_{k=1}^{m} c_k \times x_k \tag{7-11}$$

式中的 $c_k(k = 1, 2, \cdots, m)$ 为判别系数，它可反映各要素或特征值作用方向、分辨能力和贡献率的大小。只要确定了 c_k，判别函数 Y 也就确定了。在确定判别函数后，根据每个样本计算判别函数数值，可以将其归并到相应的类别中。常用的判别分析有距离判别法、Bayes 最小风险判别法、费歇准则判别法等。

第八章
地理信息系统技术的创新应用

第一节　地理信息系统技术在生物多样性保护中的应用

一、地理信息系统技术在生物多样性保护优先区的应用

（一）我国生物多样性保护概况

"生物多样性是维护地球生态系统平衡的基础支撑"[①]，生物多样性主要指地球上各种生物的总和，是由陆地生态系统、水生生态系统构成的生态综合体，是实现可持续发展的必要资源，主要包括物种多样性、景观多样性、遗传多样性和生态系统多样性方面的内容。近年来，随着人类对大自然的过度开发与利用，以及人为过度排放 CO_2，致使生态环境遭到严重破坏，造成大量物种数量锐减，濒临或已遭灭绝。因此，保护生物多样性迫在眉睫，而保护生物多样性的关键是保护自然环境，只有保障了生物生存的基本环境，物种才可得以生存。

《生物多样性公约》包括物种、生态系统、遗传三个层次的多样性。生物多样性对维持人类生存起着十分重要的作用，是人类生产生活的重要物质基础。目前，由于气候变化、资源过度利用、环境污染等因素的干扰，致使生物多样性处在严重的危机之中。《生物多样性公约》的重要任务之一，就是确定 2030 年全球生物多样性保护目标，以及未来十年生物多样性保护的全球战略。

全球生物多样性现状不容乐观。全球耕地面积现已退化到无法恢复的程度；而生物多样性减少的趋势正在加剧。据推测，每天约有 140 个物种面临着灭绝的困境，全球约 1/4 的生物会在 21 世纪初面临灭绝。一个物种的灭绝不仅是物种多样性的损失，更是生物遗传资源多样性的损失。

---

①王红瑞，赵含，李占玲，等.减碳与生物多样性若干问题评述 [J]. 西北大学学报（自然科学版），2023，53（1）：17.

目前，我国生态环境总体状况在恶化，局部生态有改善，但治理水平远远赶不上破坏速度。我国土地面积占世界面积的 7.2%，其植物种类占全球总数的 10%，是目前世界上生物种类最为丰富的国家之一。因此，我国生物多样性保护不仅为本国，而且为全球生态的恢复与稳定发挥着积极作用。

面对生态环境发展现状，我国在各发展阶段分别采取了相应的政策和措施：1978 年，我国首次提出建设生态文明，中共十一届三中全会后，1984 年第六届人大第七次会议通过制定了《中华人民共和国森林法》；1985 年 6 月，六届人大第十一次会议通过《中华人民共和国草原法》等相关法律；1992 年，在世界环保大会上，我国加入并签署了《生物多样性公约》；1994 年 6 月，由国家环保局等 13 个部委编制的《中国生物多样性保护行动计划》正式发布实施，1997 年发布《中国自然保护区发展规划纲要（1996—2010 年）》。此段时期是我国生态文明建设可持续发展的时期。2007 年，提出建设节约能源、保护生态环境的消费模式、产业结构、发展方式；2010 年，为落实《生物多样性公约》相关规定，我国编制了《中国生物多样性保护战略与行动计划（2011—2030 年）》，此计划对我国未来 20 年生物多样性保护总体目标、战略任务和优先行动进行了规划。2015 年，印发了《生态文明体制改革总体方案》，提出了加快建立完整生态文明制度体系的速度；2018 年，第十三届全国人民代表大会将生态文明建设纳入《中华人民共和国宪法》第八十九条中。

近年来，我国在生态文明建设方面的行动与成果得到了广大人民的认可，各个省份也都依据地方的实际情况进行生态文明修复，切切实实地贯彻落实生态文明。此项措施不仅有利于我国生物多样性的可持续发展，也对全球生物多样性发挥了积极的作用。

（二）生物多样性的价值及意义

第一，生物多样性具有巨大的使用价值。①生物多样性可直接为人类提供食物、燃料、药材以及能源物质；②生物多样性在保护水源、土壤、维护全球气候等方面做出了巨大贡献，是地球生命的基础，同时也为人类提供了大量的遗传资源，间接影响人类的生存与发展；③种类繁多的野生动物对地球生态系统的维护起着不可代替的作用，但目前很多种类的利用价值尚不明确，如一旦从地球上消失，其潜在的价值也随之消失。

第二，为科学技术发展提供科研价值。物种多样性推动着科学技术的发展，如海豚的回声定位系统、白蚁的胶黏剂、根据苍蝇的复眼发明复眼照相机用在人造卫星上、雷达系统源于蝙蝠等。地球上丰富的物种资源，能为科学技术的发展注入源源不断的能源。

第三，生物多样性对协调系统动态平衡，维持生物圈具有稳定作用。动物、植物与微生物在大自然中都扮演着不同的角色。植物是生产者，可通过光合作用积累营养物质，将空气中的 CO_2 转化为有机物质，供生物的生存发展所需；动物是消费者，可通过自身活动对生物多样性造成影响，推动生态系统的稳定与发展，如昆虫传粉、蚯蚓疏松土壤等；微生物是生态环境中的分解者，是土壤的重要组成部分，其可为植物的生长发育提供营养物质和良好的生存环境。动物、植物与微生物三者之间相互依存、相互制约、相互促进，共同维护生态系统稳定运行。

第四，生物多样性与某些濒危物种的生存紧密相关。人类活动对自然生态的破坏，造成大量物种面临灭绝。在全球 100 多万物种中，有几十万种正处于灭绝的边缘，若不进行合理开发，将有更多物种逐渐消失，可见保护生物多样性的重要性。例如：世界上最大的热带雨林——亚马孙雨林，由于人类对其过度开发和乱砍滥伐等行为，造成 2300 多种动物、8000 多种特有植物面临灭绝的现状；其面积比原始状态少了 18%（因发展农业与非法砍伐导致）、雨林退化了 17%。亚马孙雨林的发展状况是化解全球气候变化等危机的关键点。任何生物如不进行合理的开发利用都存在灭绝的可能。（世界自然保护联盟 IUCN）濒危物种红色名录收录了全球的濒危物种，可为全球生物多样性的深入研究提供大数据，同时为开展生物多样性保护工作提供科学依据。生物多样性对濒危物种的生存发展至关重要，因此，国家必须重视生物多样性，防止森林退化，开展植被恢复工作，还濒危物种一线生存希望。

（三）生物多样性保护优先区的必要性及进展

生物多样性重要区域可以为优先保护区的确定提供科学依据，是根据物种的丰富度、保护价值等提出具有重要保护价值的区域。生物多样性综合的数据为优先区的划定提供了准确的数据支持，几个类群的数据也可以用于参考，识别重要的区域没有一个统一的标准规定。因为，资源是有限的，无法保护所有的热点区域，因此，能代表更大的生物多样性或特有性的较小区域，才应该是保护战略所要聚焦的区域。因此，想要保护投资效益最大化就必须在适合的范围内识别优先区。

想要保护效益最大化首先要保护优先区、关键地区或热点地区，国内外许多学者从全球、区域及地区等不同尺度开展了相关研究，研究重点则放在了物种的丰富度和受威胁程度、特有种数量以及生态系统受威胁状态等方面。1997 年世界自然基金会（WWF）发起"全球 200"项目；保护国际（CI）在 1999 年评估了全球范围内的生物多样性热点地区；在 2002 年《生物多样性公约》（CBD）发起了关于识别欧洲植物保护的最佳区域网络特殊项目。我国虽然在世界上是生物多样性很丰富的国家，但生物多样性依然受到了来自各方的严重威胁，并且在生物多样性的保护工作上开展时间也落后于其他国家。

我国的很多个省都根据《中国生物多样性保护优先区范围》、《关于做好生物多样性保护优先区域有关工作的通知》（环发 2015—177 号），开展了本行政区内优先区域保护规划编制工作，明确重点、保护网络优化方案和保护管理措施。

（四）基于地理信息系统技术的保护网络优化

综合考虑生物多样性现状与资源禀赋，还有社会经济发展的水平与其发展潜力，对优先区域的功能进行区划，并划分出以下三类优先区域。

Ⅰ类区域：包含了优先区域内依法设立的各级各类自然保护区，世界文化和自然遗产，风景名胜区，森林、地质湿地公园，海洋特别保护区，遗传、种质资源保护区，还有国家划定的其他保护区域。在统一的空间坐标系统下，将优先区域内各级各类自然保护区、风景名胜区、森林公园、湿地公园、地质公园等空间分布数据进行叠加分析，去除重叠后，确定Ⅰ类区的边界范围。

Ⅱ类区域：将优先区域内尚未划定为国家保护的具有生物多样性丰富、生态系统脆弱或生态功能重要特点的区域划定为Ⅱ类区域，其中有关键物种栖息地、关键生态系统分布区等。优先区域内除Ⅰ和Ⅲ类区的其他区域，确定为Ⅱ类区的分布范围。Ⅱ类区为优先区域内没有纳入国家和地方保护地体系和城市发展规划的保护空缺区域，可视为优先区域内的保护空缺区域。

Ⅲ类区域：将优先区域内的城镇建成区与各类开发区以及人为干扰强烈的农牧渔业生产区域等区域划定为Ⅲ类区域。利用地理信息系统软件进行图斑聚合处理，扣除Ⅲ类区中的独立细小斑块保证功能分区结果的完整性和连续性。进行Ⅲ类区划定时，分两种情况：一种未将农田归属于Ⅲ类区；另一种将农田归属于Ⅲ类区。将初始提取的Ⅲ类区图层与Ⅰ类区图层进行空间叠加分析，如出现Ⅲ类区与Ⅰ类区空间重叠情况将重叠区域划定为Ⅰ类区。对所有重叠区域核查无误后，划定Ⅲ类区的边界范围。

二、地理信息系统技术在生态区保护规划中的应用

为了保护生物多样性，生态保护工作者在各种不同的规模上从事着生物多样性的保护工作，从保护残存在一片森林中的一个濒危物种到减缓全球气候变化的影响，这些工作对减缓物种灭绝的速度起到了非常积极的作用。在我国，为了保护珍贵的动植物资源，建立了很多自然保护区，以保护濒临灭绝的物种，这些保护区较好地遏制了物种灭绝危机。但要实现人们普遍承认的保护生物学的目标，这些保护区的数量不够多，面积也不够大。人类必须在前所未有的更大空间和时间尺度上进行保护规划，并主要在区域水平采取行动。世界自然基金会和其他一些国际组织提出在景观和生态区规模上制定保护策略。

生态区是一块较大的陆地或水体，它含有一个独特的自然群落聚合，这些群落里的大部分物种、动态和环境条件是相同的。陆地生态区的特征来自一种优势植被类型，它虽然

不是分布在生态区内的每一个角落，但却是广泛地分布，使生态区呈现出相同的性质。由于优势的植物种类构成了陆地生态系统的基本结构，动物群落也在整个生态区内呈现出均一的或特征性的表达。

生态区是更适宜于保护规划的单位，主要原因包括：①与塑造和维持生物多样性的主要生态和进化过程相适应；②能满足要求巨大活动面积的物种种群的要求，否则，在局部规模上是无法保护生物多样性这种成分的；③合理地包含了一系列相互关联的生物地理群落来进行代表性分析；④使我们能选择采取保护措施的最佳地点，更好地理解在长远的生物多样性保护中一个特定项目能够和应该发挥的作用。

随着信息技术的发展，地理信息技术在各个领域的应用日益广泛。地理信息系统强大的分析功能在过去只能是在非常昂贵的设备上使用非常昂贵的系统来实现，这极大地限制了它在生态保护规划中的应用，因为资金较少的生态保护规划项目负担不起这么昂贵的费用。但这种状况在最近几年得到了逐步缓解，因为硬件系统的性能在飞速提高，同时其价格却在下降，更多的部门可以负担起这样的硬件系统和运行在其上面的软件系统。

GIS 可以为生态保护规划提供强有力的支持，主要包括：①为对生态区进行评估提供基本图；②综合专业评估确定优先保护地区；③分析核心物种所需要的最小栖息地和生态过程，进行栖息地完整性的分析；④确定潜在的栖息地；⑤描述地文学和社会经济数据之间的关系。

（一）分析所需数据源

第一，数据的搜集。应用 GIS 进行分析最重要的前提是必须有进行分析的数据源。进行生态保护规划所需要的数据源可以分为生物和非生物两部分。非生物部分主要包括地形、降水量、土壤地质、河流和流域、人口密度、行政边界、道路、铁路、居民点、保护区等；生物部分包括物种分布、植被、动物繁殖区域、迁徙路线、家畜密度、特有物种分布、土地利用等。搜集这些数据是一项十分复杂和困难的工作，各种数据均有各自的保密级别和使用管理规定，并且需要花费相当的资金来搜集。但这些数据又是用 GIS 进行分析的基础，所以又必须做好数据的搜集工作。

第二，数据的处理。搜集到的数据的格式也是千变万化，数据可以是印刷形式的纸图，也可能是数字形式的电子文档。数字数据可以是光栅式（如卫星图片或航空图片）或矢量（如道路和河流）。这些数据在能被应用之前必须进行一系列的处理：数字化（印刷形式的纸图）、校正和处理（光栅数据）、投影转换和匹配，最终集成到一个统一的空间体系中才可以为 GIS 所应用。

第三，数据的分类。数据的分类是一个关键的问题。过于简单或过于复杂的数据分类都不能很好地适用于生物多样性分析，精细的地图只有能有效地合并成更大的单位时，对生态区的分析才是有用处的；比例尺过小的数据或精度过粗的数据应用于分析是缺乏说服力的。恰当的分类是非常必要的，例如，按木材类型划分的植被地图对生物多样性分析显然是不合适的。

第四，数据的实效性。数据的实效性也是非常重要的。生物和非生物两部分数据均有对实效性要求很高的数据。例如，道路、铁路的数据是在不断变化的，尤其在经济迅速发展的中国，交通建设被视为促进和拉动经济发展的一个重要因素；道路的建设会促进道路两侧经济的发展，带来人口、畜牧、城镇的巨大变化，而这种变化对这个区域的生物多样性的影响很显然是非常巨大的。又例如，植被和土地利用的变化也是非常大的，所以应当尽可能地采用最近时相的数据，如采用最新或较新的卫星图片或航空照片来反映土地利用状况的变化，所以必须采用多种方法来解决数据的时效性的要求。

（二）应用 GIS 进行分析

应用 GIS 进行分析，可以包含许多方面，这种分析是以数据为基础，充分结合专家们的观点、意见和经验，得出客观的分析结果，为生态区的规划提供支持。

第一，为对生态区进行评估提供基本图。利用行政边界、地形、水系、植被、土地利用、物种分布等数据，确定生态区的边界，并得到生态区的面积，覆盖的行政区域、人口等信息。行政边界可以用于界定最初的生态区的规划范围，然后考虑山系、地形、水系等因素对生态区的边界进行更加细致的修改，最后再考虑植被、土地利用、物种分布等信息，确定生态区最后的范围。

第二，综合专业评估确定优先保护地区。生态区的规划是一个长远规划，在此前提下应该考虑选择对生物多样性保护具有特别重要意义，并且现有的环境和条件适合于立即开始保护和恢复行动的地区为优先保护地区。根据物种分布、物种丰盛度、地形、植被等信息，结合专业评估所做出的结论，确定优先保护地区的范围、分布、面积大小等信息。

第三，分析核心物种所需要的最小栖息地和生态过程，以及栖息地的完整性。保护大片的栖息地是生物多样性保护的一项中心内容。很多敏感的物种、巢域较大的物种和某些生态过程都需要大片的自然栖息地来长期生存下去。根据土地利用、植被、地形、物种分布确定物种的现有栖息地，规划维持核心物种繁衍与发展所需最小栖息地的范围和面积，得到物种栖息地完整程度的分析结果。

第四，确定潜在的栖息地。随着生态保护，生物多样性的重要性日益被人们所认识，生态保护也面临着许多重大的机遇。许多已经退化或已经被改变的栖息地通过不懈的努力可以恢复为完整的物种栖息地。根据物种分布、人口密度、地形、水系、道路、居民点等来确定有可能得到恢复的栖息地。

第五，描述地文学和社会经济数据之间的关系。社会和经济的发展对生态的影响是非常巨大的：森林采伐、农业生产、人类活动造成的栖息地破碎化、狩猎、食用菌栽培、大型工程、采矿、森林火灾、外来物种引入、生活和选矿用水对环境造成的污染等。分析和确定对生态区内物种的主要威胁，就可以有针对性地采取相应的行动。

全国重点区域内开始的天然林保护工程和部分地区开始的退耕还林工程为生物多样性的保护提供了新的机遇。

第二节　地理信息系统技术在城市养老服务供给中的应用

随着人口老龄化的逐步深入，全社会对养老服务量与质的整体需求不断呈现刚性增长。受种种因素的限制，社会养老服务事业底子薄、基础差、欠账多，资源配置呈现出越来越突出的非均衡性，逐渐成为新时期积极应对人口老龄化的重要阻力及障碍。

"伴随'互联网+'平台的发展，基于 GIS 网格化技术的智慧养老模式在当今社会发挥着越来越重要的作用。"[①] 科学技术的飞速更新与发展，让科技成为破解养老资源配置非均衡性，实现养老服务均等化与可及化不可忽视的重要力量，智慧养老成为越来越多的老年人及家庭的新选择。而 GIS 在养老服务供给和养老资源优化配置中的应用本身便是科技助力的重要体现。在老龄化与少子化并行的时代，家庭和社区依旧是大多数老年人理想型的养老模式。积极利用现代科技，开展家庭、社区的适老化改造，提高养老服务供给适配度，无疑将成为推动养老服务便捷化与可及化的重要手段。

第一，运用现代智能技术，助力社区适老化管理。社区应围绕 Arcmap 软件的分析功能及 Arcscene 软件的三维展示功能，将地区内老年独居家庭与其他有老年人共同居住的家庭分层展示，方便行政管理与应急服务。同时，对个别特殊老年人，在社区及老年监护人许可的前提下，社区对有需要的老年家庭提供 3S（即 GPS、GIS、RS）日常追踪服务，降低老年人意外走失率。

第二，创新养老服务品牌，推动住宅适老化改造。适老化改造最早发起于北欧，当前我国城市适老化改造主要体现在增设卫生间辅具配置上，对适老化改造评估标准与工具尚

---

①戴伙进，陈浩杰，孙晓燕，等. 基于 GIS 的智慧养老网格化综合服务平台的研究与设计：以梅州市为例 [J]. 科技创新导报，2018，15（5）：163-166.

欠缺统一的标准。为消除社区老年居民的居住隐患，城市应加大养老服务品牌发展与建设，推动室内外空间适老化改造的同步进行。

第三，依托空间统计分析工具，精确养老服务实际半径。"合理的养老地产选址是对良好养老服务的保障，也是建设养老地产的首要考虑问题。"[①] 一是以养老服务机构为目标要素，依托空间数据抓取、统计与分析技术，获取城市养老服务机构区位信息，并结合不同地区养老需求调查状况，建立地区养老服务机构需求差异分布图，进而为不同地区、不同需求的老年人提供养老服务奠定基础，促进城市养老服务供给多元化发展，推动城市公共服务空间的适老化改造。二是以老年家庭为目标点，基于缓冲区工具指定具体距离，设置老年人日常通行距离范围内的服务设施，精准养老服务，不断完善城市适老空间。

在地理信息系统（GIS）的技术支持下，养老服务机构的区位分析可叠加周遭医疗、养护资源以及居住场所等多种因素，并实现可视化，这将改变养老服务机构的孤立状态，将各类养老服务机构融入城市养老服务空间，提升养老服务均等性，实现养老资源利用效率最大化。

①毕天平，刁显喆.基于 GIS 的养老地产选址决策研究：以沈阳市为例［J］.工程经济，2020，30（10）：57-61.

参考文献

[1] 毕天平，刁显喆. 基于 GIS 的养老地产选址决策研究：以沈阳市为例 [J]. 工程经济，2020，30（10）：57-61.

[2] 曾立斌，黄牧，戎晓力. 地下工程施工监控地质地理信息系统研究 [J]. 岩土力学，2010，31（Z1）：342-348.

[3] 曾庆有，叶晨峰，邓国平，等. 企业级工程地质数据库管理系统开发与应用 [J]. 交通科技，2021（2）：94-98.

[4] 戴伙进，陈浩杰，孙晓燕，等. 基于 GIS 的智慧养老网格化综合服务平台的研究与设计——以梅州市为例 [J]. 科技创新导报，2018，15（5）：163-166.

[5] 邓红卫，王鹏. 基于地理信息系统的区域水环境承载力评价 [J]. 长江科学院院报，2020，37（8）：22-28.

[6] 邓新国，贾利民，秦勇，等. 地理信息系统中数据库间数据交换技术的研究 [J]. 中国铁道科学，2004，25（6）：109-114.

[7] 董勇敏. 网络附加存储的发展及其应用 [J]. 数字图书馆论坛，2005（3）：4-7.

[8] 杜鹃，曹建春. 空间数据挖掘及其在海洋地理信息系统中的应用 [J]. 舰船科学技术，2015（6）：168-171.

[9] 段福州，赵文吉，李家存，等. 基于三维地理信息系统的岩层产状测量方法 [J]. 吉林大学学报（地球科学版），2011，41（1）：310-315.

[10] 封志雪，周键，杨飞龄，等. 集成生态系统服务与生物多样性的系统保护规划 [J]. 生态学报，2023，43（2）：522-533.

[11] 龚健雅，秦昆，唐雪华，等. 地理信息系统基础 [M]. 2 版. 北京：科学出版社，2019.

[12] 龚健雅. 地理信息系统基础 [M]. 2 版. 北京：科学出版社，2019.

[13] 韩建平. 地理国情监测数据库管理系统设计与实现 [J]. 地理空间信息，2020，18（11）：39-42，83，6.

[14] 胡品. 以地理信息系统为基础的农业地质环境研究 [J]. 湖北农业科学，2017，56

（7）：1245-1249.

[15] 黄晓阳，杜彬，贾玉斌，等. 城市地质空间数据库管理系统设计 [J]. 信息与电脑（理论版），2022，34（11）：81-83.

[16] 黄雅琼. 浅谈空间数据库管理系统的概念与发展趋势 [J]. 中国管理信息化，2019，22（8）：165-166.

[17] 吉晨，李小强，柳倩. 地理信息系统中的结构化数据保护方法 [J]. 信息网络安全，2015（11）：71-76.

[18] 江南，于雪英. 地理信息系统及其展望 [J]. 电力系统自动化，2003，27（18）：69-73.

[19] 江斯琦，刘强. 基于改进神经网络及地理信息系统空间分析的风暴潮经济损失评估 [J]. 科学技术与工程，2020，20（22）：9243-9247.

[20] 焦晨晨. 常用地图投影变形计算机代数分析与优化 [D]. 北京：中国地质大学，2022：7.

[21] 李飞，黄琦，纪元，等. 输配电地理信息系统平台图形浏览服务的实现 [J]. 电力系统自动化，2017，41（11）：99-105.

[22] 李素红，宋情情，苑颂. 基于 GIS 的养老地产项目选址研究：以天津市为例 [J]. 天津大学学报（社会科学版），2017，19（3）：204-209.

[23] 李薇. 分布式多空间数据库系统的集成技术 [J]. 电子测试，2016（10）：30，21.

[24] 李晔，姚祖康. 基于地理信息系统的公路设施空间数据库概念模型 [J]. 中国公路学报，2000，13（3）：9-11.

[25] 廖微，姚琪，廖林，等. 基于地理信息系统的空间统计学方法在地震统计中的应用 [J]. 中国地震，2021，37（3）：695-703.

[26] 林琳，路海洋. 地理信息系统基础及应用 [M]. 徐州：中国矿业大学出版社，2018.

[27] 刘亚彬，刘大有. 地理信息系统中空间对象间拓扑关系的推理 [J]. 软件学报，2001，12（12）：1859-1863.

[28] 马振利，白建军，马维若. 应用 GPS 技术生成 DTM 及其分析 [J]. 辽宁工程技术大学学报，2006，25（5）：669-671.

[29] 木啸林，牛坤龙，蔡世荣，等. 开源网络地理信息系统的技术体系与研究进展 [J]. 计算机工程与应用，2022，58（15）：37-51.

[30] 乔淑娟，王华，崔阳. 城市地下管网地理信息系统空间数据模型研究 [J]. 计算机工程与设计，2006，27（17）：3201-3203，3212.

[31] 乔彦友，常原飞. 移动地理信息系统技术发展的 3 个时代 [J]. 遥感学报，2022，

26（12）：2399-2410.

[32] 邱文平，李保杰，赵炫炫，等. 基于 GIS 的徐州市养老机构布局优化研究［J］. 测绘与空间地理信息，2019，42（8）：54-58.

[33] 宋朝峰. 数字高程模型数据处理［J］. 通讯世界，2015（6）：180-181.

[34] 唐昊，刘建波，葛双全，等. 一种二三维联动地理信息系统的实现［J］. 科学技术与工程，2019，19（32）：37-42.

[35] 唐权，陶旸. 云 GIS 服务平台软件架构选型及服务模式设计［J］. 测绘与空间地理信息，2015（5）：64-65.

[36] 田根，童小华，张锦. 移动地理信息系统数据模型与 3S 集成关键技术［J］. 同济大学学报（自然科学版），2006，34（11）：1556-1562.

[37] 童新华. 试论地理信息系统专业应用型人才培养［J］. 黑龙江高教研究，2016（10）：151-153.

[38] 王红瑞，赵含，李占玲，等. 减碳与生物多样性若干问题评述［J］. 西北大学学报（自然科学版），2023，53（1）：17-24.

[39] 王慷林. 生态文明与生物多样性的理论与实践［J］. 西南林业大学学报，2023，7（1）：39-45.

[40] 王娜，张晓亮. 基于地理信息系统 MapGIS 的农机调度分配优化研究［J］. 农机化研究，2022，44（6）：240-244.

[41] 吴升，王钦敏，陈崇成，等. GIS 分析中的地理模式［J］. 测绘信息与工程，2004，29（2）：10-12.

[42] 武辰爽，郭永刚，苏立彬. 基于地理信息系统的色季拉山土地利用时空动态变化［J］. 科学技术与工程，2021，21（7）：2602-2608.

[43] 尹素清，钱丽璞. 基于云平台的舰船地理信息系统智能化管理技术［J］. 舰船科学技术，2020，42（24）：166-168.

[44] 张涵，朱竑. 定性地理信息系统及其在人文地理学研究中的应用［J］. 世界地理研究，2016，25（1）：125-136.

[45] 张宏鑫. 基于 MapGIS 数字高程模型基岩面高程等值线图的制作［J］. 测绘与空间地理信息，2015（6）：62-63.

[46] 张燏，董春岩. 地理信息系统在农业决策服务中的应用［J］. 中国农业资源与区划，2017，38（9）：49-55.

[47] 赵宁，宋国伟，张小玉，等. GIS 分析结果可靠性研究［J］. 工程技术研究，2020，5（22）：241-242.

［48］郑刚，吴相林. 应用型地理信息系统空间数据库的分析和设计 ［J］. 华中科技大学学报（自然科学版），2003，31（1）：49-51.

［49］郑至键，郑荣宝，徐嘉源，等. 基于 GIS 的广州市养老机构空间布局研究 ［J］. 华中建筑，2020，38（1）：47-51.

［50］周志富，郭澍. 基于网络 GIS 的养老信息查询系统的构建 ［J］. 山西大同大学学报（自然科学版），2021，37（4）：77-79.